Neustart

für Hunde

PROBLEMKREISLÄUFE ERFOLGREICH DURCHBRECHEN

(Foto: Archiv Lismont/Daphne Mpaltsidis)

Katrien Lismont

Neustart für Hunde

PROBLEMKREISLÄUFE ERFOLGREICH DURCHBRECHEN

CADMOS

Haftungsausschluss:
Autorin und Verlag haben den Inhalt dieses Buches mit großer Sorgfalt und nach bestem Wissen und Gewissen zusammengestellt. Für eventuelle Schäden an Mensch und Tier, die als Folge von Handlungen und/oder gefassten Beschlüssen aufgrund der gegebenen Informationen entstehen, kann dennoch keine Haftung übernommen werden.

Gender-Erklärung:
Aus Gründen der besseren Lesbarkeit verzichten wir im Cadmos-Verlag auf die gleichzeitige Verwendung der Sprachformen männlich, weiblich und divers (m/w/d) und wählen jeweils die männliche oder weibliche Form von personenbezogenen Hauptwörtern. Dies soll jedoch keinesfalls eine Geschlechterdiskriminierung oder eine Verletzung des Gleichheitsgrundsatzes zum Ausdruck bringen. Frauen, Männer und Diverse mögen sich von den Inhalten unserer Publikationen gleichermaßen angesprochen fühlen.

Mit * gekennzeichnete Mittel in diesem Buch dürfen laut Tierarzneimittelgesetz (Bundesgesetzblatt 2021/Teil I/Nr. 70 vom 4.10.2021) nur nach Verordnung durch den Tierarzt verabreicht werden, bei dem sich das Tier in Behandlung befindet.

IMPRESSUM

CADMOS im CADMOS Verlag

Covergestaltung: Gerlinde Gröll, www.cadmos.de
Grafisches Konzept: www.ravenstein2.de
Satz: Greta Grünsteidl
Coverfoto: Archiv Lismont
Fotos und Abbildungen im Innenteil: Archiv Lismont
(Katrien Lismont, Daphne Mpaltsidis, Graphikschmie.de)
Lektorat: Maren Müller
Druck: www.graspo.com
Deutsche Nationalbibliothek – CIP-Einheitsaufnahme
Die Deutsche Nationalbibliothek verzeichnet diese Publikation in der Deutschen Nationalbibliografie; detaillierte bibliografische Daten sind im Internet über http://dnb.ddb.de abrufbar.

Printed in EU

ISBN: 9-783-8404-2067-2

INHALT

(Foto: Archiv Lismont)

INHALT

Foto: Archiv Lismont

EINLEITUNG

Das Verhaltenstraining mit unterschiedlichsten Mensch-Hund-Teams haben mich dazu motiviert, dieses Buch zu schreiben. Jedes Training zeigt mir aufs Neue, wie wichtig es ist, den Hund ganzheitlich zu sehen, sein komplettes Verhaltensrepertoire zu analysieren und sein Umfeld einzuschätzen. Ziel des Trainings bleibt zwar, das vom Hund gezeigte problematische Verhalten zu ändern, der Fokus liegt jedoch auf den vielschichtigen Ursachen für dieses Verhalten.

Nur in Ausnahmefällen kommen Kunden zu mir, die vorher noch gar kein Training in Anspruch genommen haben. Die weitaus meisten haben sich vom ersten Tag an darum bemüht, ihren Hund zu erziehen, zu trainieren und zu verstehen. Gerade die Halter junger Hunde in der Sturm-und-Drang-Phase ihres Lebens probieren oft verschiedene Trainer und Ansätze aus, denn das dynamische Verhalten der Heranwachsenden verunsichert und kann Angst machen. Aber auch mit älteren Hunden, die Schwierigkeiten bereiten, haben die Menschen meistens schon zahlreiche unterschiedliche Trainingsmethoden hinter sich. Der Grund: Sie alle wünschen sich effektivere Hilfe, schnellere Resultate, mehr Ruhe und Gehorsam, weniger Probleme. Das ist nachvollziehbar – die vielen verschiedenen Sicht- und Vorgehensweisen, Meinungen und Einschätzungen führen bei Mensch und Hund jedoch nicht selten zu noch mehr Verwirrung, sodass die Situation belastender statt entspannter wird. Und selbst wenn eine Baustelle erfolgreich bearbeitet werden konnte, tut sich nicht selten schnell die nächste auf. In den letzten Jahren habe ich den Eindruck gewonnen, dass die Fälle, mit denen ich zu tun habe, immer komplexer werden. Die Mensch-Hund-Beziehung ist festgefahren und es treten meistens mehrere Probleme parallel auf. Das Vertrauen zwischen Mensch und Hund hat Schaden genommen und die Welt aller Beteiligten ist kleiner geworden, weil so viele Situationen, die sich nicht meistern lassen, vermieden werden. Die Verzweiflung ist groß und das Bedürfnis, eine Lösung zu finden, ist enorm.

So wird mancher Hund zum Trainings- und nicht selten auch zum medizinischen Experiment: ein Fass mit riesigem Loch im Boden. Vor lauter Maßnahmen und Zielorientiertheit geraten der Hund und seine Bedürfnisse in Vergessenheit. Ein weiteres Problem: Während der ganzen Zeit macht das Lernverhalten des Hundes keine Pause. Unerwünschtes Verhalten wird unwissentlich vom Menschen verstärkt oder dadurch, dass es

Für viele Hunde bedeutet eine Umgebung, die zu unserem normalen Alltag gehört, eine Herausforderung oder sogar Überforderung. (Foto: Archiv Lismont)

„VERHALTEN IST WIE WASSER IN EINEM STEINIGEN FLUSS, ES FINDET SEINEN WEG. UND DIESER WEG IST NICHT IMMER EINER, DER UNS PASST."
Katrien Lismont

selbstbelohnend ist und dem Hund ein Ventil bietet. Letztendlich tritt keine Besserung ein, sondern die Spirale setzt sich fort, bis nichts mehr geht oder die Situation eskaliert. Wie kann man jetzt noch etwas ändern?

Ganzheitliches Training – Der Status quo

Am Anfang jeder meiner Intensiv-Trainingswochen lerne ich einen Hund mit einer schwierigen Geschichte kennen. Ich erfahre im Erstgespräch, welche Trainingsmethoden bereits angewendet wurden – ob positiv oder aversiv, sinnig oder unsinnig, ein wenig hilfreich oder eher kontraproduktiv – und welche medizinischen Behandlungsversuche es bereits gab, angefangen bei – leider oft wenig wirksamen – Schilddrüsentherapien

„WER LERNT, DURCH DIE AUGEN SEINES HUNDES ZU SCHAUEN, DURCH SEINE OHREN ZU HÖREN UND DURCH SEINEN KÖRPER ZU FÜHLEN, WIRD DIE GRÜNDE FÜR ZUNÄCHST ABSURD ERSCHEINENDES VERHALTEN ERKENNEN. MIT DIESEM GEWONNENEN VERSTÄNDNIS UND DER NEUEN PERSPEKTIVE WIRD ALLES KRISTALLKLAR UND EIN WEG ZEICHNET SICH AB."
Katrien Lismont

über Psychopharmaka und chemische Kastration bis hin zur biologischen Kastration. Zu hören, was mit so einem Hund bisher geschehen ist, was in sein Verhalten hineininterpretiert und was von ihm verlangt wird, macht mich nicht selten sprachlos, traurig und auch wütend. Aus der Verzweiflung und Frustration resultiert, dass dem Hund Etiketten zugewiesen werden: Es heißt dann beispielsweise, er sei lernunfähig, dominant, genetisch bedingt aggressiv oder unheilbar traumatisiert. Auch die Hundehalter selbst haben sich oder wurden von anderen mit ähnlichen Etiketten abgestempelt: zu langsam, zu dusselig, zu weich, lernunfähig. Allzu oft höre ich außerdem, das Training bei mir sei „die letzte Chance für den Hund". Es müsse sich jetzt etwas ändern, und zwar bis zum nächsten Urlaub/nächsten Familientreffen/bis das Baby da ist …

Meine große Aufgabe ist es nun, mich nicht von diesem Druck beeinflussen zu lassen und eine ganzheitliche Lösung aufzuzeigen, denn Verhalten findet jeden Tag, zu jeder Stunde, bei jedem Spaziergang statt. Probleme lassen sich nicht mit einer Trainingsstunde pro Woche lösen. Die Menschen brauchen neue Erfahrungen und neue Einsichten, und im gesamten Alltag sowie für den Hund müssen sich grundlegende Dinge ändern.

Genau hier setzt dieses Buch an. Dabei geht es nicht nur um Hunde, die sogenanntes „großes" Verhalten zeigen, also leicht reizbar sind, laut, körperlich und kraftvoll auf Reize reagieren, sondern auch um all die anderen, die verschiedenste, bisher womöglich unerklärliche und belastende Verhaltensweisen an den Tag legen. Nicht zuletzt richtet sich das Buch an alle Menschen, die ihren Blick für die Bedürfnisse ihres Hundes weiter schärfen und das Zusammenleben optimieren möchten.

Für all das kombiniere ich Wissen und Techniken aus meiner Tellington TTouch® Ausbildung mit im Lauf vieler Jahre gesammelten Erfahrungen aus dem BAT-Training (Behavior Adjustment Training), einer entschleunigenden und achtsamen Methode, die den Hunden viel Raum für Signale und selbstwirksames Verhalten lässt und auf eine systematische Desensibilisierung setzt.

Begleiten Sie mich auf dieser Reise, von der ich mir wünsche, dass sie Ihren Blick auf Ihren Hund verändert und Ihnen aufzeigt, welche Schritte die ersten bei einem neuen Abenteuer sein könnten.

Foto: Archiv Lismont

DER RESET

Eine Reset-Taste für Hunde wie bei elektronischen Geräten, um alles auf null zu setzen und dann neu hochzufahren – das wäre praktisch, aber es ist wohl jedem klar, dass dies bei Lebewesen nicht funktioniert. Ich meine mit Reset, dass wir alle Funktionen des „Systems Hund" einzeln überprüfen und in diversen Vorgängen optimieren, sodass diese wieder geschmeidig ineinandergreifen können. Denn unsere Hunde bestehen nicht nur aus dem Verhalten, das uns stört. Wenn man genauer hinschaut, gibt es viel mehr Facetten, die alle einen Einfluss auf das Wohlbefinden, das Leben, die Körperfunktionen und auf die emotionalen Befindlichkeiten haben. Reset bedeutet für mich: Jeder Stein wird umgedreht und nicht nur betrachtet, sondern auch bearbeitet oder zumindest positiv beeinflusst.

Die systematische Vorgehensweise, die ich hierfür empfehle und später in diesem Buch detailliert vorstelle, ist die „DOGood Feelgood Matrix". Denn es sind oftmals viele kleine Ursachen, die das Fass zum Überlaufen bringen, aber unserer Aufmerksamkeit entgehen. Bevor wir zur Matrix kommen, schauen wir uns zunächst genauer an, wie Probleme überhaupt entstehen.

Die Kerzenanalogie: Wenn sich Stressoren häufen

Die „Kerzenanalogie" ist ein wunderbares Bild der Tellington TTouch® Instruktorin Edie-Jane Eaton, um zu verdeutlichen, was passiert, wenn sich Stressoren häufen. Ich danke ihr von ganzem Herzen dafür, dass sie mir erlaubt hat, ihre Idee in entsprechend angepasster Form in mein Buch einzubauen.

Die erste Abbildung zeigt eine Schüssel mit Wasser, die einen Organismus symbolisiert. Das Wasser wird in blauer Farbe dargestellt. Es hat eine optimale Temperatur, was bedeutet, dass es kühl, still und klar ist. Der Organismus ist gesund und hat ideale Lebensumstände. Unter der Schüssel befinden sich Kerzen: hier in etwas größerem Abstand zum Boden der Schüssel eine kurze dicke Kerze und eine etwas längere schmale Kerze. Kurz steht für einen Stressor, der nur kurz vorhanden ist, lang für einen, der länger anhält. Auf den Hund übertragen bedeutet das: Bei diesem Hund ist alles im Lot. Es gibt wenig Gründe für Stress, und wenn doch einmal ein Stressor einwirkt, hat der Hund anschließend genügend Zeit, sich davon zu erholen. Die kurze dicke Kerze könnte für das tägliche Vor-

Die Kerzenanalogie

Abb. 1: Hier ist alles in Ordnung. Die von Kerzen symbolisierten Stressoren wirken sich nicht nachhaltig negativ auf den Organismus (Schüssel mit Wasser) aus. (Abbildung: Archiv Lismont)

Abb. 2: Die Stressoren beginnen überhandzunehmen, und der Organismus reagiert merklich. (Abbildung: Archiv Lismont)

Abb. 3: Hier ist die Stressbelastung viel zu hoch. Der Organismus kann sie nicht mehr bewältigen – das Wasser kocht über. (Abbildung: Archiv Lismont)

beigehen an einem Garten stehen, in dem ein Hund fürchterlich am Zaun tobt. Dies stört unseren Hund in dem Moment sehr und er reagiert heftig darauf, aber sobald der Garten hinter uns liegt, ist der Spuk vorbei. Die schmale und etwas längere Kerze könnte für eine leichte Allergie oder Unverträglichkeit stehen, die nach jeder Mahlzeit auftritt, also mindestens zweimal täglich. Auch diese Unannehmlichkeit hat jedoch noch ein Ausmaß, mit dem der Hund zurechtkommt, ohne dass sein Verhalten oder sein allgemeines Wohlbefinden leidet. Es ist alles in Ordnung und unauffällig. Die Kerzen brennen zwar, erhitzen das Wasser jedoch nicht so stark, dass die optimale Temperatur maßgeblich beeinflusst wird.

Auf der zweiten Abbildung sind zwei Kerzen hinzugekommen. Links eine sehr dicke und lange Kerze, deren starke Flamme bis direkt unter die Schüssel reicht, und rechts eine mittellange, ebenfalls dicke Kerze. Die linke Kerze könnte für eine anhaltende Krankheit des Frauchens stehen, die zur Folge hat, dass der nette, aber eher fremde Nachbarsjunge die täglichen Spaziergänge mit dem Hund übernimmt. Bei diesem ist nun alles anders: Es gibt keinen Freilauf, Begegnungen mit anderen Hunden werden nicht so gut gemeistert, die Suchspiele unterwegs fehlen und der junge Mann geht ungeschickt mit der Leine um. Die rechte dicke Kerze steht für längere Zeiten, in denen der Hund nun allein bleiben muss, weil Frauchen im Krankenhaus ist. Das ist er nicht gewohnt und er leidet unter der Trennung. Beide Kerzen symbolisieren also Stressoren, die sich deutlich auf das Allgemeinbefinden des Hundes auswirken. Das Wasser wird wärmer und unruhiger. Es ist davon auszugehen, dass der Hund erste Anzeichen von entgleisendem Verhalten zeigt. Weil auch die Menschen im Umfeld gerade überfordert sind, werden diese Anzeichen womöglich gar nicht wahrgenommen.

Auf der dritten Abbildung sehen Sie, dass das Wasser mittlerweile regelrecht tobt. Es kocht über, ist sehr unruhig, trüb und in Rot abgebildet. Hinzugekommen sind zwei weitere Kerzen: eine enorm dicke und lange sowie eine dicke und mittellange. Erstere könnte einen ernsthaften Beißvorfall bei einer Gassirunde darstellen: Der Hund war angeleint, wurde von einem fremden Hund angegriffen und so heftig gebissen, dass er in der Tierklinik behandelt werden musste, mit allem, was damit verbunden ist – Schock, tierärztliche Behandlung in fremder Begleitung, Narkose, Eingriff, Schonkragen, Schmerzen. In der Folge muss der Hund beobachtet werden und kann tagsüber nicht mehr allein im eigenen Zuhause bleiben. Deshalb kommt er in eine auswärtige Betreuung, die ihm komplett unbekannt ist. Für diesen Stressor steht die zweite neue Kerze auf der Abbildung.

Man kann sich leicht vorstellen, dass diese Häufung von Veränderungen, Konflikten und

„EGAL OB DER HUND ETWAS TUT, ETWAS ANDERS MACHT, ETWAS GAR NICHT MACHT: HINTERFRAGT ES. HINTERFRAGT ALLES, NUR NICHT DEN HUND, DENN ER HAT IMMER RECHT.“

Sarah Fisher, Tellington TTouch Instructor, UK

Beeinträchtigungen dem Hund zusetzt. Meine für die Kerzenanalogie gewählten Beispiele sollen möglichst deutlich zum Ausdruck bringen, wie sich Stressoren ansammeln und das „System Hund" zum Überkochen bringen können. In der Realität kommt es individuell auf den Hund an, welche Stressoren er als stark oder schwach empfindet. Es gibt sicherlich Hunde, denen eine längere Trennung zunächst keine Probleme bereitet, die aber eine Futtermittelunverträglichkeit oder Begegnungen mit Hunden hinter einem Gartenzaun als ausgesprochen belastend empfinden. Für so manchen sensiblen Hund hätte eventuell bereits eine zusätzliche Kerze gereicht, um zur Explosion zu führen. Mögliche Stressoren müssen daher bei jedem Hund neu bewertet und eingeschätzt werden. Das ist die Aufgabe des Verhaltenstrainers in enger Zusammenarbeit mit dem Hundehalter.

Die Kerzenanalogie in der Praxis

Wie lässt sich die Kerzenanalogie auf den Alltag übertragen? Zunächst gilt es, alle Kerzen zu erkennen und zu definieren: Sind sie lang oder kurz, dick oder dünn? Sehen Sie sich den Alltag Ihres Hundes hierfür genau an: Welches sind die Momente, die Nerven kosten, in denen das Verhalten laut und stark wird? Wann lässt sich der Hund nicht auf eine Kooperation ein? Möchte er zum Beispiel

Verhalten wird oft erst dann laut und deutlich, wenn die subtilen Zeichen längere Zeit nicht beachtet wurden. (Foto: Archiv Lismont)

Manche Hunde flüchten sich ins Buddeln. Es gilt herauszufinden, warum sie dieses Verhalten so dringend brauchen. (Foto: Archiv Lismont)

sein Brustgeschirr nicht anziehen, sich die Pfoten nicht abtrocknen lassen, nicht ins Auto einsteigen, beim Gassigehen nicht weiterlaufen, das Haus nicht verlassen, kein Sitz machen, keine körperliche Nähe zulassen …? Wie frisst er sein Hauptfutter, wie ist seine Verdauung? In welchen Situationen hilft er sich durch schnelle, kopflose und/oder unkoordiniert wirkende Bewegungen? Hat er Schwierigkeiten mit dem Treppenlaufen, drückt er sich schnell durch Türöffnungen oder schmale Durchgänge oder an Menschen vorbei? Machen ihn glatte Böden unsicher? In welchen Situationen entgleist das Verhalten dermaßen, dass Sie nicht weiterwissen? Überlegen Sie bei all diesen Momenten, welche Art von Kerze für sie stehen könnte, und überlegen Sie auch, wie Sie diese Stressoren, ob groß oder klein, lindern oder auflösen können. In den seltensten Fällen knirscht es nämlich an nur einer Stelle im Leben des Hundes, und die Wassertemperatur in unserer Analogie lässt sich bereits abkühlen, also positiv beeinflussen, wenn es Ihnen gelingt, auch nur eine Kerze zu löschen oder zumindest zu verkleinern. So kann man Kerze für Kerze vorgehen, um den Alltag so zu gestalten, dass das problematische Verhalten schwächer wird und sich reguliert.

Selbstverständlich lässt sich nicht jeder Stressor leicht und auf Anhieb erkennen und beeinflussen. Es geht letztendlich um eine ausgewogene Kombination von Managementmaßnahmen und Training. Auf entsprechende Lösungsansätze gehe ich später im Buch genauer ein. Meist ist es von Vorteil, wenn Sie die Unterstützung eines Verhaltenstrainers in Anspruch nehmen.

Verhalten als Kommunikationsmittel

Was passiert nun, wenn der Hund eine Kombination aus Stressoren nicht mehr bewältigen kann? Er sendet Signale, zunächst noch subtile Zeichen, später sind es deutlichere Symptome, und wenn sich nichts ändert und womöglich noch weitere Stressoren hinzukommen, ist irgendwann der Punkt erreicht, an dem nichts mehr geht – dann kocht das Wasser über.

Die ersten subtilen Signale wirken auf uns Menschen oft wie zufällig und sind leicht zu übersehen. Es kann ein Zögern sein, ein Schütteln, ein Wegschauen, etwas, das wir nicht wahrnehmen oder zumindest nicht mit einer bestimmten Situation in Verbindung bringen. Vielleicht ist es uns schon aufgefallen, aber wir haben uns nichts dabei gedacht. Weil wir es nicht erkennen oder nicht richtig einordnen, verwandelt sich dieses Verhalten irgendwann in etwas Stärkeres; es kann auch sein, dass der Hund regelrecht erstarrt. Das ist schon etwas störend, aber meistens finden wir einen Weg, uns und den Hund aus der Situation zu „retten“. Das ist allerdings oft mit einer weiteren Überforderung für den Hund verbunden, weil er sich nicht verstanden und durch eine für ihn unangenehme Situation hindurchgedrängt fühlt. Aus seiner Sicht ist es jetzt dringend an der Zeit, noch deutlicher zu werden. Seine Signale kommen von Situation zu Situation stärker und früher, bis er ohne Verzögerung oder sogar bereits in der Erwartung einer Konfliktsituation auf 120 hochschnellt. Das ist gut nachvollziehbar, denn wir werden ebenfalls lauter und deutlicher, wenn

„DER EINZIGE WEG ZU EINER NACHHALTIGEN LÖSUNG IST, DIE URSACHE ZU BESEITIGEN."
Katrien Lismont

wir uns unverstanden fühlen und eine Situation nicht auf subtile Art lösen können. Klappt auch das nicht, haben wir verschiedene Möglichkeiten: Wir können versuchen, der Situation zu entfliehen, wir können offensiver werden, wir können aufgeben oder das Problem überspielen. Und schon sind wir bei den bekannten vier F: Fight, Flight, Freeze und Fiddle, auf Deutsch: Kampf, Flucht, Starre oder Herumalbern. Diese Mechanismen werden aus dem sogenannten Reptilienhirn (dem Stammhirn) gesteuert und greifen dann, wenn uns starke Emotionen fluten: Angst, Wut, Verzweiflung, Frustration. Es ist davon auszugehen, dass alles, was uns Schwierigkeiten bereitet und das Zusammenleben mit unseren Hunden erschwert, auf eine dieser vier Emotionen zurückzuführen ist.

Wir müssen uns klarmachen: Das Problemverhalten ist anfangs aus einem konkreten Grund aufgetreten und aus der Tiefe des Reptilienhirns entstanden, wurde aber im weiteren Verlauf den Gesetzen des Lernens unterworfen. Das bedeutet: Da es dem Hund Erleichterung oder Befriedigung verschafft hat – auch wenn es manchmal nur ein „Behelf" ist –, wird er es in ähnlichen Situationen wiederholen. Kommt es täglich oder mehrmals täglich dazu, verfestigt es sich und findet ganz oben in der Verhaltensrepertoire-Schublade einen festen Platz. Dort wird es bei jeder Gelegenheit schnell hervorgeholt, ohne dass tiefer nach konfliktfreierem Verhalten gesucht wird. Ein Verhalten, das irgendwann einmal Plan B war, wird nun zu Plan A. Wenn wir das Problem nachhaltig lösen wollen, müssen wir den Grund für Plan B herausfinden und dafür sorgen, dass der Hund ein Plan-A-Verhalten erlernt oder wiederentdeckt. Das Ziel ist, Plan-B-Verhalten überflüssig zu machen. Dabei ist zu bedenken, dass dieses Plan-B-Verhalten, so absurd und unangenehm es uns erscheinen mag, dem Hund aus seiner Perspektive geholfen hat. Wir dürfen es also nicht einfach wegnehmen, sondern müssen für einen Ersatz sorgen, der dem Hund ebenfalls Befriedigung oder Erleichterung verschafft. Mehr dazu später.

Das Verhaltens-ABC

Ich möchte an dieser Stelle noch einmal die Basiselemente der Verhaltensanalyse erörtern. Abgekürzt werden sie auch als das Verhaltens-ABC bezeichnet.

A steht hierbei für **Antezedenz (Antecedent)**, für das, was dem Verhalten vorausgeht oder es sogar auslöst. Das kann eine spezifische Situation sein, zum Beispiel ein anderer Hund, der am Horizont auftaucht, das Klingeln des Paketboten oder eine frische Wildspur, die dem Hund in die Nase weht. Möglich sind auch weiter in der Vergangenheit liegende Antezedenzien: die laute und lange Poolparty von gestern, die traumatisierende Zeit in der spanischen Auffangstation, die Gruppenwanderung am Wochenende, die

Umstände im Urlaub, der Beißvorfall vor 6 Monaten, ein Umzug oder körperliches Unwohlsein. Hunde, bei denen derartige Belastungen lange nachwirken, werden oft als „hypersensibel" bezeichnet. Damit bin ich nicht einverstanden, denn meiner Erfahrung nach sind alle unsere Hunde viel sensibler, als wir uns das vorstellen können. Es geht vielmehr darum, dass Hunde, die bereits stressbelastet sind, durch hinzukommende Stressoren/Antezedenzien über ihre Grenzen gebracht werden, sodass sie mit alltäglich scheinenden Situationen oder schlimmstenfalls mit dem gesamten Leben nicht mehr klarkommen. Das bedeutet: Wir müssen alle Antezedenzien, also Auslöser für das Verhalten – auch die auf den ersten Blick unbedeutenden – , finden und diese verändern oder anpassen. Denn wenn alles bleibt, wie es ist, kann keine Veränderung des Verhaltens erzielt werden.

B steht für **Verhalten (Behavior)**. Das ist das, was der Hund zeigt und was wir sehen können. Meistens wird für uns angenehmes Verhalten kaum noch wahrgenommen, denn es stört ja nicht. Die Aufmerksamkeit schenken wir dem Verhalten, das uns nicht passt. Ein Verhalten lässt sich nur durch Verändern der Antezedenzien oder der Konsequenzen verändern.

C steht für **Konsequenz (Consequence)**. Was nach dem Verhalten kommt, bestimmt, ob sich dieses Verhalten für den Hund gelohnt hat oder nicht. Und dies kann nur aus der Perspektive des Hundes bewertet werden. Wenn ein Verhalten dem Hund Befriedigung oder Erleichterung bringt, dann wirkt diese Konsequenz als Verstärker und führt dazu, dass das Verhalten – zumindest in ähnlichen Situationen – wiederholt wird.

Es gibt zwei Arten von Verstärkung:
Positive Verstärkung ist der Fachbegriff, wenn ein Verhalten dadurch verstärkt wird, dass es eine für den Hund befriedigende Konsequenz hat. Ein etwas extremes, aber nicht gerade seltenes Beispiel dafür ist, dass der Hund gelernt hat, so stark in die Leine zu springen, dass sein Mensch diese loslassen muss. Er kann sich somit durch sein Verhalten Freilauf verschaffen. Gerade für einen Hund,

Das Ziehen an der Leine ist ein Symptom für hohe Erregung und eine Ursache für Frustration an beiden Enden der Leine. (Foto: Archiv Lismont)

der aus triftigen Gründen keinen Freilauf haben kann, ist „mal so richtig rennen" ausgesprochen befriedigend.

Negative Verstärkung bedeutet, dass ein Verhalten eine Konsequenz nach sich zieht, die dem Hund Erleichterung verschafft. Ein Beispiel hierfür wäre ein Hund, der jedes Mal, wenn er in die Nähe einer fremden Person geführt wird und nicht ausweichen kann, an dieser hochspringt. Die Folge ist häufig, dass die angesprungene Person einen Schritt zurückmacht oder dass der Hund von seinem Menschen zurückgezogen wird. Diese Distanzvergrößerung ist in den meisten Fällen das, was ein Gefühl der Erleichterung auslöst.

Der Weg in die Abwärtsspirale

Kommen wir noch einmal auf das Verhaltens-ABC und den zuvor schon beschriebenen Wechsel von Plan A zu Plan B zurück. Die Antezedenz ist hier die zu geringe Distanz zur fremden Person. Sie macht das Plan-A-Verhalten „Ausweichen" unmöglich. Gezeigt wird das Plan-B-Verhalten „Hochspringen", das zur verstärkenden Konsequenz „Distanzvergrößerung", also Erleichterung, führt. Je öfter sich diese ABC-Kombination wiederholt, desto schneller und stärker wird das Plan-B-Verhalten gezeigt. Der Hund wird in der Folge immer frühzeitiger und forscher an fremden Personen hochspringen.

Wenn Sie allein an diesem Verhalten trainieren, etwa indem Sie üben, dass der Hund sich setzt, statt zu springen, aber die Antezedenz nicht verändern – der Abstand bleibt weiterhin für den Hund zu gering –, wird sich wahrscheinlich ein anderes, ebenso unerwünschtes Verhalten einstellen. Beispielsweise könnte der Hund nun beginnen, die Person heftig anzubellen.

Ähnlich verhält es sich mit dem Leinenzieh-Beispiel. Wenn Sie hier lediglich an der Leinenführigkeit trainieren, damit der Hund nicht mehr so stark zieht, wird er womöglich lernen, einen Moment abzupassen, in dem Sie unachtsam sind, und dann den Überraschungseffekt zu nutzen, um durchzustarten.

Kurz gesagt, wenn wir die Motivation des Hundes für ein Verhalten nicht erkennen und über seine Bedürfnisse hinwegtrainieren,

Hunde springen Personen meistens nicht deshalb an, weil sie ihre Nähe suchen, sondern weil sie mehr Distanz schaffen möchten. (Foto: Archiv Lismont)

werden wir keine Verbesserung erzielen, sondern neue Baustellen erzeugen.

Wir müssen also bei jedem Verhalten den Stressor finden und bearbeiten, oder, anders gesagt, die Antezedenz(ien) verändern. In den Beispielen wären das für den hochspringenden Hund „mehr Abstand" und für den Hund, der sich losreißt, die Möglichkeit, im kontrollierten Rahmen Energie abzubauen und auch mal zu rennen. Allein dadurch wird das problematische Verhalten schon schwächer werden. Eventuell ist zusätzliches Training nötig. Dieses zieht dann jedoch kein neues Ersatzverhalten nach sich.

Wenn nichts mehr geht ...

Wenn ein Hund so überfordert ist, dass nichts mehr geht, resultiert das meistens aus einem insgesamt zu hohen Erregungsniveau. Es besteht in solchen Situationen keine Möglichkeit mehr zur Kooperation oder Kommunikation. Belohnungen in Form von Spiel oder Futter sind uninteressant. Bei vielen Hunden äußert sich dieser Zustand durch starkes, lautes und oftmals plötzlich auftretendes Verhalten. Es kann mit Aggression einhergehen und es kann auch so heftig sein, dass der Mensch viel Körperkraft braucht, um es zu bewältigen. Nicht selten stellt es eine Gefahr für andere oder für den Hund selbst dar. Die damit verbundene Erregung hält lange an. Es ist schwer, bei solchem Verhalten eine ABC-Struktur zu erkennen, weil der Auslöser gering sein kann – Plan B ist zu Plan A geworden. Das Verhalten erscheint daher sinnlos und macht den Menschen ratlos und verzweifelt, weil er keine Möglichkeit hat, es zu regulieren oder gar abzustellen. (Der Hund selbst ist dazu auch nicht mehr in der Lage.)

Bei anderen Hunden zeigt sich die Erregung nicht so deutlich; sie werden in sich gekehrt, geraten in eine Art Starre und scheinen sich regelrecht aus der Situation wegzubeamen. Sie blockieren, indem sie auf der Stelle stehen bleiben, sich hinsetzen oder hinlegen und mit nichts wieder in Bewegung zu bringen sind. Das kann, je nach Körpergröße des Hundes, durchaus problematisch werden.

Egal ob das Verhalten laut und offensiv oder leise und defensiv ist, es ist ein Zeichen für ein hohes Stresslevel, für Überforderung und Verzweiflung. Viele Hunde kommen nur draußen in diesen Zustand, manche sind nur drinnen derart beeinträchtigt. Es ist ebenfalls möglich, dass ein Hund draußen wie drinnen nicht ansprechbar ist und nicht zur Ruhe kommt. Im letzteren Fall müsste selbstverständlich zunächst die Situation drinnen beruhigt werden, bevor das Verhalten draußen beeinflusst werden kann. Irgendwie muss man eine „Baseline" schaffen, auf der man weiter aufbauen kann.

Stress im Körper

Stress entsteht in Situationen, die Körper und/oder Geist überfordern. Solange diese Phasen kurz sind und gut verarbeitet werden können, ist Stress nicht schädlich. Er regt uns an, hält uns wach und aufmerksam und sorgt dafür, dass wir im richtigen Moment leistungsfähig sind. Der Körper ist bestens gerüstet damit umzugehen, denn er verfügt über

Fallbeispiel Kenda

Kenda ist ein Pointermix aus Ungarn. Sie verbrachte dort 1,5 Jahre im Tierheim und ist hier kurz nach ihrer Ankunft in Deutschland zu sehen: Die Augen sind mandelförmig zur Seite gezogen, das rechte Auge ist kleiner als das linke. Der Oberkopf wirkt hart und verspannt. Zahlreiche Falten sind zu sehen. Die Pupillen sind sehr klein und durch die Augenform kaum zu erkennen.

Kenda, nach einigen Maßnahmen, um die Gassirunden zu erleichtern, und BAT-Training: Die Augen sind runder, gleich groß und der Blick wirkt weicher, Stirn und Oberkopf ebenfalls. Allerdings ist hier das Maul noch fest geschlossen und die Ohren sind angespannt.

Kenda, nachdem zusätzlich schmerzlindernde Maßnahmen ergriffen wurden. Der Blick wirkt weich, die Augen sind rund und gleich groß, der Oberkopf ist glatt, das Maul wirkt weich und ist halb geöffnet, die Ohren hängen entspannt und symmetrisch hinab.

ausgeklügelte Regulationsmechanismen, bei denen das Nervensystem, das Hormonsystem, die Organe, die Muskeln und das Blut perfekt aufeinander abgestimmt zusammenarbeiten. Durch Ruhe und Pausen sowie durch die Ausschüttung von körpereigenen Hormonen, die im Volksmund „Glückshormone" genannt werden, kann der Organismus nach einer Stresssituation wieder ins Gleichgewicht gebracht werden. Die Gestaltung des Alltags insgesamt, die Gesundheit und die Ernährung spielen hierbei ebenfalls eine Rolle. Wenn die Stressmomente allerdings, aus welchen Gründen auch immer, überhandnehmen, verliert der Körper die Fähigkeit zur Selbstregulation. All das gilt für uns Menschen ebenso wie für Hunde. Da die Hormone bei all dem eine wesentliche Rolle spielen, beschreibe ich im Folgenden kurz und stark vereinfacht, wie sie im Körper wirken.

STRESSHORMONE

In einer Situation, die den Hund überfordert, ihm Angst macht oder für ihn bedrohlich ist, wird im Gehirn Noradrenalin freigesetzt. Dieses löst die bekannten Flucht-oder-Kampf-Reaktionen aus; die Herzfrequenz, der Blutzuckerspiegel und die Sauerstoffversorgung im Gehirn werden erhöht. Zusätzlich wird kurzfristig auch Adrenalin aktiviert, das den Körper sofort in höchste Leistungsbereitschaft versetzt: Herz, Lunge und Muskeln werden stärker durchblutet, sodass alle Energie in die für eine Reaktion auf Gefahr notwendigen Organe fließt. Noradrenalin sorgt zudem dafür, dass die weniger notwendigen Funktionen wie Verdauung, Schmerzempfinden, Hunger- und Durstgefühl gehemmt werden.

Es ist klar, dass ein solcher Zustand nur kurz anhalten darf, denn Herz und Kreislauf werden übermäßig belastet und andere wichtige Stoffwechselprozesse lahmgelegt. Das erklärt, warum dauerhaft stark gestresste Hunde oft Probleme mit dem Verdauungstrakt haben. Ein Überschuss an Adrenalin kann außerdem zu Angst und Unruhe führen. Adrenalin und Noradrenalin machen kurzfristig aktiv und leistungsfähig, bauen sich aber nach dem Stressmoment in Minutenschnelle wieder ab.

Das weitere Stresshormon Cortisol wird ungefähr 10 Minuten nach der Ausschüttung von Adrenalin im Körper freigesetzt und dient als Schutzschild gegen Belastungen und Entzündungen; der Blutdruck steigt, der Puls wird beschleunigt und der Fettstoffwechsel wird aktiviert. Körper und Geist sind im Nu leistungsfähiger und konzentrierter. Wenn die Stresssituation sich auflöst, wird das Cortisol wieder abgebaut. Das dauert allerdings etwas länger als bei Adrenalin und Noradrenalin. Ausreichend Regeneration, mäßige Aktivität, eine ausgewogene Ernährung und erholsamer Schlaf begünstigen den Abbau. Problematisch wird das Cortisol bei dauerhaften Stresszuständen. Dann stört es den Schlaf, schwächt das Immunsystem und kann Herzerkrankungen, Bluthochdruck und Konzentrationsschwierigkeiten begünstigen. Da es zudem ein Anspannen der Muskulatur auslöst, kann es zu Schmerzen durch Verspannungen und einer insgesamt erhöhten Sensibilität führen. Kein Wunder also, dass Hunde, die sich dauerhaft im „Überlebensmodus" befinden, Schwierigkeiten damit haben, zu kooperieren, sich anfassen zu lassen, zu lernen und zur Ruhe zu kommen.

Gegenspieler der Stresshormone

Die sogenannten Glückshormone leisten einen wichtigen Beitrag zum Stressabbau. Beginnen wir mit dem Antriebshormon Dopamin, das gern mit Begriffen wie Motivation, Vorfreude, Erwartung und Überraschung in Verbindung gebracht wird. Dopamin steuert den inneren Antrieb und die Freude am Tun. Es steht in Verbindung mit Können und Zuversicht.

Dopamin ist überall da, wo der Organismus eine Belohnung erwartet und sich deshalb selbst motiviert, sodass die Belohnung letztendlich nur noch ein Nebeneffekt ist. Dopamin zeigt sich im Funkeln der Augen eines Hundes, der sich auf ein Spiel oder eine Übung freut. Dopamin will jedoch ein bisschen Spannung und Abenteuer – wenn nach jeder Übung das gleiche Leckerchen auf die gleiche Art verabreicht wird, lockt man dieses Hormon nicht hervor. Neue Entdeckungen, wechselnde Belohnungsmodalitäten und Aktivitäten lösen die Ausschüttung von Dopamin aus.

Durch eine Rückkopplung mit Serotonin verlangt Dopamin nach einer Wiederholung der Situation, die zur Ausschüttung geführt hat. In Kombination mit Noradrenalin und Serotonin schärft Dopamin die Feinmotorik, das Koordinationsvermögen und die Konzentrationsfähigkeit.

Serotonin selbst wirkt sich als Wohlfühlhormon positiv auf die Stimmung aus, wirkt beruhigend und macht zufrieden. Es erhöht insgesamt die Widerstandsfähigkeit gegen Stress und reduziert Angst. Serotonin stimuliert die Gedächtnisleistung, beeinflusst den Appetit und das Verhalten positiv, fördert einen gesunden Schlaf und lindert Schmerzen. Schlechte Laune, Angstzustände und Aggressivität können Symptome für einen Serotoninmangel sein. Körperliche Aktivität, Kopfarbeit, die Freude bereitet, angenehme Berührungen, Sonnenlicht und bestimmte Lebensmittel führen zu mehr Serotonin im Körper des Hundes.

Endorphine werden in akuten Notsituationen produziert, wo sie Schmerzen nehmen und Hunger stillen. Das tragen sie schon im Namen, der sich aus endogen (körpereigen) und Morphin (Schmerzstiller) zusammensetzt. Sie wirken aber auch gegen Stress, beruhigen, machen glücklich und sorgen für einen erholsamen Schlaf. Auf diese Weise stärken sie das Immunsystem und unterstützen die körperliche und seelische Gesundheit. Bewegung und positive Erfahrungen erhöhen den Endorphinspiegel im Körper. Ausgewählte Nahrungsmittel und Sonnenlicht können die Produktion von Endorphinen ebenfalls steigern.

Schließlich gibt es noch Oxytocin, das auch als Kuschel- oder Bindungshormon bezeichnet wird. Es ist ein direkter Gegenspieler des Stresshormons Cortisol und sorgt für Entspannung und Beruhigung. Es verringert den Blutdruck und wirkt schmerzstillend. Oxytocin fördert eine vertrauensvolle Beziehung. Forschungen beim Menschen deuten darauf hin, dass eine Freisetzung von Oxytocin durch angenehme Sinneswahrnehmungen wie Berührungen und Wärme, durch Nahrungsaufnahme, durch Geruchs-, Klang- und Lichtstimulation ausgelöst werden kann.

Reset mit System

Die generellen Empfehlungen zum Stressabbau beschränken sich leider oft auf nur wenige Aspekte im Alltag des Hundes, nämlich auf Ruhe und Reizreduktion. Das ist zweifellos wesentlich, weil es die Regeneration des Nervensystems ermöglicht. Die Wirkung lässt sich jedoch durch weitere Maßnahmen wie eine Umstellung oder Ergänzung der Ernährung, positive Aktivitäten und vieles mehr potenzieren. Wichtig ist daher, die Entstressung mit System anzugehen. Es genügt nicht, dem Hund als Ruheprogramm zwei bis drei Monate nur in Haus und Garten mit Leckerchensuche im Wohnzimmer zu verordnen. Anfängliche absolute Stressvermeidung ist zwar ein wichtiger Faktor, ebenso wichtig ist es aber, dass gezielt die Ausschüttung von Glückshormonen ausgelöst wird. Ich habe dazu die DOGood Feelgood Matrix entwickelt. Sie hilft, systematisch alle Facetten des Hundes und seines Lebens einzuschätzen und diese nach und nach zu optimieren. Wenn wir im Bild der Kerzenanalogie bleiben: Eine Kerze nach der anderen wird gelöscht, um das Wasser auf Normaltemperatur abzukühlen.

Spiel, Spaß und Bewegung verursachen eine Ausschüttung von Glückshormonen und sind ein Mittel gegen Stress. (Foto: Archiv Lismont)

Vom Hund als angenehm empfundener Körperkontakt sorgt bei beiden Beteiligten für die Ausschüttung des Kuschelhormons Oxytocin. (Foto: Archiv Lismont)

DIE DOGOOD FEELGOOD MATRIX

1 = minimal/schlecht, 10 = maximal/ausgezeichnet; 10 % = wenig, 100 % = viel (Abbildung: Archiv Lismont/Graphikschmie.de)

Mit dieser Matrix in Form eines Spinnennetzdiagramms habe ich ein Instrument entwickelt, mit dem ich den Status quo des Hundes erfassen kann, wenn er mir zum Training vorgestellt wird. Die Anwendung ist recht einfach. Mit einem Bewertungssystem von eins bis zehn, das auf jeden der zwölf Punkte angewendet wird, erhalte ich auf einen Blick Auskunft darüber, wie der Hundehalter seinen Hund einschätzt. Nach der Erstberatung kann auch der Hundehalter eine solche Matrix für sich ausfüllen. Diese wird dann in regelmäßigen Intervallen überarbeitet, zum Beispiel in einer anderen Farbe, um sehen zu können, wie sich das Training entwickelt und an welchen Stellen noch Bedarf besteht.

Nach der Lektüre dieses Buchs werden auch Sie in der Lage sein, die Matrix für sich und Ihren Hund zu nutzen, indem Sie mit ihr den Ist-Stand ermitteln, um festzustellen, wo dringender Optimierungsbedarf besteht, und sie im weiteren Verlauf immer wieder heranziehen, um Ihre Fortschritte zu überprüfen.

Begleiten Sie mich jetzt auf eine „Reise“, bei der Sie die zwölf Punkte der Matrix und ihre Bedeutung genauer kennenlernen.

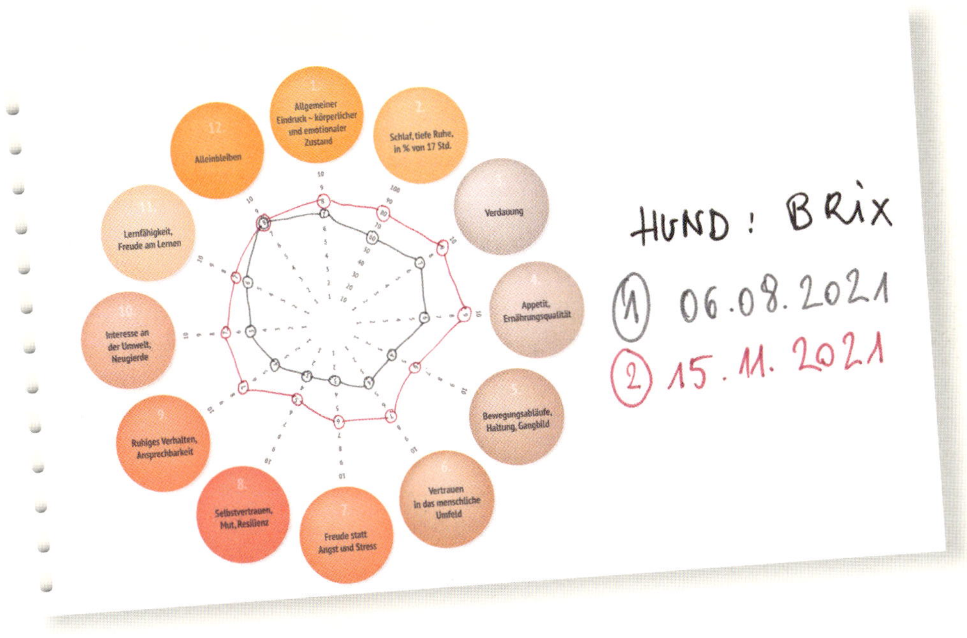

Die ausgefüllte Matrix zeigt die Entwicklung eines Hundes über längere Zeit. (Abbildung: Archiv Lismont)

1. Allgemeiner Eindruck – körperlicher und emotionaler Zustand

Dies ist ein umfassendes Thema, das sich in meinen Erstgesprächen nicht komplett bearbeiten lässt. Auch Sie werden vermutlich feststellen, dass es hier mehr zu berücksichtigen gibt, als es auf den ersten Blick scheint. Es gibt eine ganze Reihe Fragen, von denen Sie sich bei Ihrer Einschätzung leiten lassen können:

FRAGEN ZU KÖRPERLICHEN ASPEKTEN

- Wirkt der Hund gesund (glänzendes, weiches Fell, klare Augen, wacher Blick, belastet alle vier Beine gleichmäßig, gute Figur)?
- Wirkt der Hund insgesamt gepflegt? Wie sehen Augen, Ohren und Krallen aus?
- Wie ist die Ausstattung? Trägt der Hund ein gut sitzendes Geschirr? Wie lang ist die Leine, an der er geführt wird? (Die Kombination von Geschirr und 2 bis 5 Meter langer Leine wäre in Bezug auf das körperliche Wohlbefinden wünschenswert.) Falls der Hund am Halsband geführt wird: Wie ist das Halsband beschaffen? Ist es weich?

Die Ohren sind asymmetrisch. Das verrät viel über die Spannung in der Haut am Kopf, aber womöglich auch entlang der Wirbelsäule. (Foto: Archiv Lismont)

Passt die Länge? Wie viel Zug wird damit ausgeübt?

- Wie ist der Gesichtsausdruck des Hundes – entspannt oder angespannt? Wirken die Augen rund und weich oder sind sie eher seitlich zu Schlitzen gezogen?
- Wirken die Gesichtszüge symmetrisch? (Auf Augenform und -größe, Ohrenhaltung, Lefzen achten)
- Glänzen die Augen oder wirkt der Blick starr oder matt?

- Sind die Ohren angespannt oder entspannt? Sind sie symmetrisch?
- Wie sieht das Fell aus und, noch wichtiger, wie riecht es – angenehm oder unangenehm?
- Läuft der Hund auf den ersten Blick lahmfrei und nutzt er beim Laufen alle Gangarten und nicht nur Galopp?
- Legt sich der Hund schnell hin, anstatt einige Zeit stehen oder sitzen zu bleiben?
- Ist das Fell am ganzen Körper gleichmäßig beschaffen oder gibt es auffällige Muster und/oder Wirbel?
- Funktionieren alle Sinnesorgane des Hundes oder sind womöglich das Sehen oder Hören beeinträchtigt?

MENTALE UND EMOTIONALE ASPEKTE

- Wirkt der Hund interessiert oder in sich gekehrt?
- Schenkt er seinem Menschen Aufmerksamkeit?
- Reagiert er auf seine Umgebung oder ist er eher apathisch?
- Zeigt er Interesse an Futter oder sonstigen Belohnungen wie Spielobjekten?
- Reagiert er auf fremde Personen oder sonstige Auslöser ängstlich und ausweichend oder offensiv?
- Kommt der Hund an ihm neuen Orten zur Ruhe und kann auch mal längere Zeit liegen bleiben, oder ist er rastlos? Falls Letzteres zutrifft: Hält diese Rastlosigkeit länger an oder beruhigt der Hund sich nach einigen Minuten?
- Bellt oder winselt der Hund häufig und anhaltend?
- Sind im Auftreten des Hundes große Unterschiede zwischen draußen und drinnen zu erkenen?

Das sind einige Details, die bei der Einschätzung des Gesamtzustands helfen können. Lassen Sie sich dabei von Fachleuten unterstützen.

Das können Sie unternehmen:

- *Allgemeine tierärztliche Untersuchung mit großem Blutbild*
- *Naturheilpraktische Untersuchung*
- *Osteopathische oder physiotherapeutische Untersuchung und Behandlung*
- *Einschätzung seines Gangbilds*

2.
Schlaf, tiefe Ruhe, in Prozent von 17 Stunden

Dies zählt nicht ohne Grund zu den ersten Themen, die in der DOGood Feelgood Matrix abgefragt werden. Wenn ein Hund zu viel Stresseinwirkung ausgesetzt ist und er mit dem Alltag oder sonstigen Situationen nicht zurechtkommt, dann leidet sein Nervensystem. Und je weniger sich dieses erholen kann, desto höher schraubt sich die Stressspirale.

Bei der Einschätzung dieses Punkts stellt sich in meinen Erstgesprächen fast immer heraus, dass der betreffende Hund nicht genug Ruhe hat. Das Nervensystem eines Hundes, der problematisches Verhalten zeigt, braucht jedoch dringend Erholung. Je heftiger das Verhalten ist, desto gründlicher muss dieser Punkt umgesetzt werden. Bei Hunden, deren Verhalten noch nicht so stark entgleist ist und die nur in bestimmten Situationen aufgeregt agieren, reicht es meistens, im Alltag für mehr Schlaf und weniger Aufregung zu sorgen, flankiert von weiteren Maßnah-

Im Schlaf wird der Alltag verarbeitet und Nerven können regenerieren. (Foto: Archiv Lismont)

Fallbeispiel: Was Ruhe bewirken kann

Einen Aha-Moment zum Thema Ruhe erlebte ich bei einem jungen Australian Shepherd, der seine Besitzerin täglich ins Büro begleitete und auf diese Weise tagsüber nicht zur Ruhe kam. Dieses Defizit äußerte sich oft durch lautes und körperlich starkes Verhalten. Der Hund war zudem unkonzentriert, insgesamt angespannt und nur eingeschränkt lernfähig. Irgendwann erkrankte das Frauchen an einer schweren Grippe und musste für mehrere Tage im Bett bleiben, was zur Folge hatte, dass auch der Hund nahezu den ganzen Tag über zu Hause verbrachte und schlief. Es gab lediglich die nötigsten Gassirunden, die insgesamt kurz gehalten wurden. Nach fünf Tagen war dieser junge Hund kaum wiederzuerkennen. Er war zwar munter und lebhaft, aber nicht mehr so laut und leicht reizbar wie zuvor. Alles Gelernte konnte er problemlos zeigen und seine Körperhaltung wirkte weich und locker. So hatten alle Beteiligten nun mit eigenen Augen gesehen, wie wichtig ausreichend Ruhe für einen Hund ist.

men, die sich aus der Einschätzung der weiteren Punkte ergeben. Handelt es sich jedoch um einen Hund, der drinnen wie draußen so gut wie keine Ruhe und Entspannung findet, ist es dringend erforderlich, dass er für einige Zeit keinerlei neuem Stress ausgesetzt wird, damit die noch vorhandenen Stresshormone abgebaut werden können. Wird diese Phase gründlich vorbereitet und überlegt aufgebaut, genügen dafür einige Tage. Die genaue Dauer ist individuell festzulegen, zudem sollte die Phase von einem Verhaltenstrainer begleitet werden.

Wesentlich in dieser Reset-Phase ist, dass der Hund 16 bis 17 Stunden Schlaf und tiefe Ruhe erhält. Erregungsspitzen in der Wachzeit müssen gänzlich vermieden werden. Er sollte sich stets sicher fühlen und möglichst wenigen Außenreizen ausgesetzt sein, damit sein Nervensystem sich regenerieren kann. Das verlangt dem Hundehalter einiges ab und gelingt in der Regel nur, wenn man sich diese Entstressung für einige Tage als Hauptaufgabe vornimmt und dabei professionelle Hilfe in Anspruch nimmt. Sonst besteht die Gefahr, dass man über Wochen oder Monate herumprobiert, wobei wertvolle Lebens-, Lern- und Regenerationszeit verloren geht. Eine durchdacht aufgebaute Reset-Phase verläuft schnell und ist effizient, sodass schon bald die unbedingt notwendige Aufbauzeit folgen kann.

MASSNAHMEN ZUR SCHLAFOPTIMIERUNG

Auf die Frage nach dem Schlafpensum lautet die schnelle Antwort häufig: „Sehr viel."

Zusammengezählt werden daraus dann allerdings 10 bis 13 Stunden. Das ist definitiv zu wenig, vor allem, wenn der Hund draußen viel Grund für Aufregung hat oder viele Aktivitäten mit hohem Energie- und/oder Stresslevel (Ballspiel, Hundesport, lange Spaziergänge, Freilauf in Hundegruppen) unternommen werden. Besteht der Schlafmangel über mehrere Tage hinweg, wird es problematisch. Dieses Thema hat Priorität und muss als Erstes optimiert werden. Ruhe und Schlaf sind durch nichts zu ersetzen, und nur diejenigen, die mit dem Hund zusammenleben, können dafür sorgen, dass diese Maßnahme gut umgesetzt wird und greifen kann.

Bei manchen Hunden genügt es schon, ihnen schlicht die Möglichkeit zu mehr Schlaf zu geben, wie das Fallbeispiel mit dem Australian Shepherd zeigt. Andere Hunde haben das Schlafen und Ruhen nie gelernt, weil bereits im Welpenalter zu viel Trubel im häuslichen Umfeld herrschte. Sie müssen es erst lernen. Meine Erfahrung hat gezeigt, dass auch Schmerzen ein nicht seltener Grund für Schlafmangel und Rastlosigkeit sind. Das äußert sich darin, dass der Hund häufig den Liegeplatz oder die Liegeposition wechselt oder sich ständig selbst beschäftigt. Intensives Scharren am Liegeplatz, aber auch leises Hecheln oder ein tiefes, sonores Seufzen oder Stöhnen beim Hinlegen und Umlegen können ebenfalls Anzeichen sein. Wenn Sie etwas davon bei Ihrem Hund feststellen, müssen Sie zunächst der Schmerzreduktion oberste Priorität einräumen, damit Ihr Hund in der Folge mehr Ruhe und Schlaf finden kann.

Eine wesentliche Rolle spielt der geeignete Schlafplatz. Sie sollten also erst einmal herausfinden, wo und wie der Hund gern schläft: auf einem weichen Bett, in einer abgedunkelten Hütte oder in einer Box ... Auch das Sofa ist grundsätzlich in Ordnung, vorausgesetzt, es ist dort ruhig genug. Wenn auch die Menschen im Haus das Sofa tagsüber nutzen, wird der Hund womöglich zu oft gestört. Entscheidend ist nämlich, dass an dem gewählten Ort nicht zu viel Trubel herrscht. Die visuellen (Fensterfront) und auditiven (Radio, Fernsehen) Reize sollten ebenfalls möglichst gering sein.

Am besten ist der Platz so gelegen, dass der Hund von dort eine gewisse Übersicht über das Kommen und Gehen seiner Menschen hat, ohne sich ständig in Bewegung zu setzen. So macht er die Erfahrung, dass er alles mitbekommt, ohne immer und überall direkt dabei sein zu müssen.

Sie können Ihrem Hund seinen Schlafplatz schmackhaft machen, indem Sie ihn dort des Öfteren mit Leckerchen oder etwas zum Kauen belohnen. Bei kälteempfindlichen Hunden hilft es außerdem, wenn man sie zudeckt, eventuell sogar mit einem angewärmten Tuch. Wichtig ist auch ein zugfreier Schlafplatz. Eine Wärmflasche oder ein Kuscheltier mit Kirschkernfüllung werden von solchen Hunden ebenfalls oft als angenehm empfunden.

Der Liegeplatz (es können auch mehrere Plätze sein) ist selbstverständlich für die Menschen eine absolute Tabuzone. Hat der Hund sich dorthin zurückgezogen, sollte er durch nichts und niemanden gestört werden. Dort wird nicht mit ihm geschimpft, er wird aber auch nicht zum Spielen oder Kuscheln eingeladen.

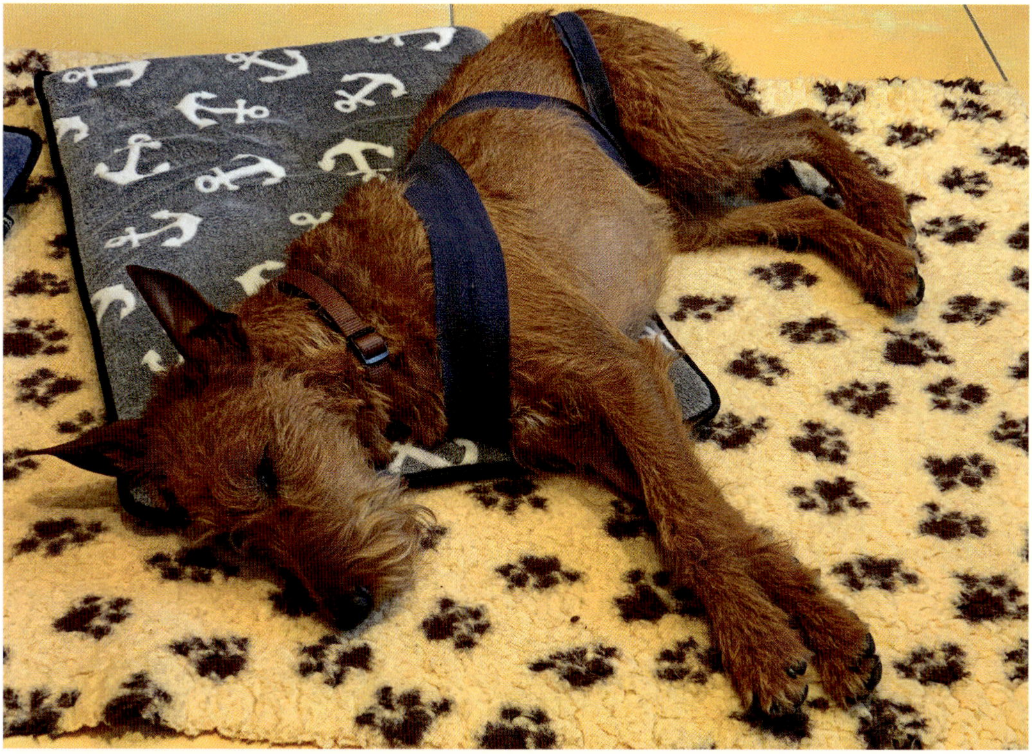

Das Körperband hilft vielen Hunden, relativ schnell zur Ruhe zu kommen. (Foto: Archiv Lismont)

Weitere schlaffördernde Maßnahmen sind:

- Für Hunde, die sich gern berühren lassen: einige Minuten Tellington TTouch® Körperarbeit. Diese aktiviert den Parasympathikus, also den Teil des vegetativen Nervensystems, der für Ruhe und Entspannung sorgt.
- Das Anlegen eines Körperbands aus der Tellington TTouch® Methode. Es ist eines der effektivsten Mittel, um die Körperwahrnehmung des Hundes zu steigern. Dies führt in den meisten Fällen zu mehr Ruhe, tieferem Schlaf und weniger unüberlegten Handlungen.
- Leise Musik in langsamem Tempo: Meditationsmusik und klassische Musik wirken in der Regel beruhigend. Man kann auch speziell entwickelte Soundtracks wie „Through a Dog's Ear" (psychoakustische klassische Pianomusik) oder „Braindog" (spezielle Musik zur Gehirnwellenstimulation bei Hunden) nutzen. Das mittlerweile sehr populäre RelaxoPet Gerät (ein hochfrequenter Lautsprecher, der speziell auf Hunde und Katzen abgestimmte Klangwellen aussendet) ist ebenfalls eine Option.
- Wichtig ist generell, dass die Lautstärke nicht zu hoch gewählt wird. Hunde haben ein feines Gehör.

- Aromatherapie kann die Entspannung ebenfalls unterstützen. Natürliche Öle wie Lavendel und Kamille wirken beruhigend. Wichtig ist, dass sie bei Hunden niemals unverdünnt genutzt werden. Auch Hydrolate eignen sich gut. Es handelt sich hierbei um mildere und weniger stark konzentrierte wässrige Lösungen. PetRemedy, eine bewährte Mischung aus Salbei, Vetiver, Baldrian und Basilikum, ist ein stresslinderndes Mittel, das ich immer dabeihabe und auch im Haus griffbereit halte. Es ist in Form eines Raumbedufters als Stecker erhältlich, und es gibt ein Spray, das sich flexibel einsetzen lässt. Zwei bis drei Sprühstöße in die Luft oder auf den Teppich neben dem Hundebett fördern tiefere Ruhe und Schlaf.
- Meine Erfahrung als diplomierte Bachblüten-Beraterin hat gezeigt, dass auch Bachblüten ein geeignetes Mittel sind, um Hunden mehr Ruhe zu verschaffen. In der Regel sollten Bachblüten-Mischungen* individuell zusammengestellt werden. Für stark traumatisierte Hunde können jedoch die vorgemischten Notfalltropfen eine Lösung sein, die sich schnell besorgen lässt. Bei einigen Anbietern gibt es auch eine Relaxversion der Notfalltropfen. Andere Fertigmischungen halte ich nicht für empfehlenswert.

All diese Mittel kommen in meiner Praxis zum Einsatz und haben sich schon bei vielen Hunden bewährt. Selbstverständlich gibt es keine Erfolgsgarantie und es ist individuell verschieden, was bei welchem Hund hilft. Sie müssen ein bisschen ausprobieren. Die meisten Mittel sind nicht teuer, leicht zu finden und haben quasi keine Nebenwirkungen. Es ist definitiv einen Versuch wert.

Noch eine abschließende Anmerkung zum Thema Schlafpensum: Ich bekomme immer wieder mit, dass Hundehalter ein schlechtes Gewissen plagt, wenn ihr Hund so viel schläft. Sie meinen, ihm eigentlich mehr bieten zu müssen. Ich gratuliere ihnen jedoch zum „Faulpelz", denn genügend Schlaf ist die wichtigste Voraussetzung für Aufmerksamkeit, Konzentration, Impulskontrolle und Selbstbeherrschung.

WEITERE REGENERATIONSMASSNAHMEN

Beim bereits angesprochenen anfänglichen Reset muss selbstverständlich auch die Zeit, in der der Hund nicht schläft, entsprechend gestaltet werden. Hier sind einige Tipps:

- Natürliches, leicht verdauliches Futter, am besten selbst gekocht und mit magenfreundlichen Zutaten. Es sollte in mehreren kleinen Mahlzeiten und nicht zu spät am Abend gefüttert werden. Schwer verdauliche Kauartikel sind in der ersten Phase unbedingt zu vermeiden.
- Zunächst keine aufregenden Beschäftigungen: Die Ausschüttung von Adrenalin und anderen anregenden Hormonen muss vermieden werden. Schwierige Begegnungen draußen sind daher ebenso kontraproduktiv wie Aufregung am Gartenzaun oder hinter dem Fenster. Anregende Spiele im Haus sollten ebenfalls unterbleiben. Je nach Wohnsituation kann es empfeh-

Leichte und ruhige Schnüffelaufgaben mit Futter oder auch mit einem Lieblingsspielzeug sorgen für Zufriedenheit. (Foto: Archiv Lismont)

lenswert sein, den Hund in den ersten drei Tagen nur zu ruhigen Zeiten in den Garten zu lassen, wo er schlicht die Umgebung erkunden darf. Möglich sind auch kleine Suchaufgaben, bei denen er schnüffeln kann. So werden im Körper Glückshormone freigesetzt. Leichte Bodenarbeit (nach Tellington TTouch®), bei der der Hund mit oder ohne Leine durch Figuren geführt wird, ist eine weitere Möglichkeit. Sie kann mit Leckerchensuche oder einfachen Denkaufgaben kombiniert werden, etwa Futter aus einem zusammengerollten Handtuch oder unter Blumentöpfen hervorholen oder einen Schnüffelteppich absuchen. Hierbei wird der Hund animiert, selbst Lösungen zu finden, was die Ausschüttung von Dopamin bewirkt. Erste leichte Aufmerksamkeitsübungen mit Leckerchen sind ebenfalls möglich. Anregungen finden Sie weiter hinten in diesem Buch.

Bei den empfohlenen Aktivitäten ist es wichtig aufzuhören, solange der Hund noch interessiert ist und keine Anzeichen von Ermüdung zeigt. Die Interaktion soll mit einem Gefühl der Neugierde und Vorfreude auf die nächste Einheit beendet werden. Jedes Gefühl von Überforderung, Gereiztheit, Frust und Angst muss anfänglich vermieden werden.

Dieses Minimalprogramm ist selbstverständlich kein Zustand, der mehrere Wochen

Die DOGood Feelgood Matrix

ÄUSSERE STRESSZEICHEN - BEOBACHTEN UND NOTIEREN

Bitte die Zeichen erfassen in einem Zustand, der so ruhig wie möglich und vergleichbar ist.

		BASELINE	**TAG**		**TAG**	
			Morg.	Ab.	Morg.	Ab.
Puls						
Atmung						
Pupillen						
Kreislauf/Schleimhäute						
Hecheln/Jammern/Winseln (0–10)						
Bellen (0–10)						
Rastlosigkeit (0–10)						
Muskelspannung	Oberkopf/Ohren (0–10)					
	Schultern (0–10)					
	Rücken/Hals (0–10)					
	Rücken/Brust (0–10)					
	Rücken/Lende (0–10)					
	Oberschenkel (0–10)					
Stunden Schlaf (von 24 Std)						
Stunden tiefe Ruhe						
Appetit	Welche Leckerchen (0–10)					
	Hauptfutter (0–10)					
Trinken (wie oft - Menge)						
Urinieren (wie oft)						
Stuhlgang	Konsistenz					
	Menge/wie oft					
Eventuelle sonstige Zeichen:	Zittern (0–10)					
	Kratzen (0–10)					
	Beissen (0–10)					
	Lecken (0–10)					

Hund:	Startdatum:

TAG		TAG		TAG		TAG		TAG	
Morg.	Ab.	Morg.	Ab.	Morg.	Ab.	Morg.	Ab.	Morg.	Ab.

oder Monate andauern sollte. Es handelt sich um eine Therapiephase, in der Körper und Nervensystem des Hundes komplett heruntergefahren werden.

Ich habe für diese Regenerations- und Erholungsphase eine tabellarische Übersicht erstellt, die einige Stressanzeichen erfasst. So kann man während dieser Tage, jeweils um die gleiche Zeit, die Stressanzeichen bewerten und fortlaufend festhalten. Für einige Kriterien gibt es keine klaren Normwerte, weil Puls, Atmung und Muskelspannung an Größe und Rasse gekoppelt sind. Wichtig ist jedoch, den Status quo am Anfang zu messen und zu schauen, wie sich das Ganze im Lauf der nächsten Tage entwickelt.

Diese Punkte gilt es zu beurteilen:

- Puls (kleine Hunde: 90 bis 160 Schläge pro Minute, mittlere Hunde: 80 bis 130 Schläge pro Minute, große Hunde 80 bis 100 Schläge pro Minute), am besten im oberen Bereich des Innenschenkels gemessen. Wenn das bei Ihrem Hund nicht funktioniert, versuchen Sie es am Hals oder an einer anderen geeigneten Stelle, wo er Ihre Berührung toleriert
- Atemzüge (kleine Hunde 15 bis 50, große Hunde 10 bis 40 Atemzüge pro Minute)
- Kreislauf (hierfür 2 Sekunden lang mit dem Finger auf das Zahnfleisch drücken – nach wie vielen Sekunden wird der jetzt helle Fleck wieder durchblutet?)
- Größe der Pupillen (groß – mittel – klein). Je größer die Pupillen sind, desto gestresster ist der Organismus

Das können Sie unternehmen:

- *Schlafplatz optimieren – wenn möglich Deckentraining*
- *Geräuschkulisse anpassen*
- *Entspannende Maßnahmen: Tellington TTouch®, Körperband, Wärmekissen oder -decke*
- *Beruhigende Musik*
- *Beruhigende Aromaprodukte*
- *Beruhigende natürliche Mittel: Bachblüten*, beruhigend wirkende Nahrungsergänzungsmittel*
- *Ein Stresstagebuch (Tabelle) führen*
- *Erregende Aktivitäten vermeiden oder in leichten Fällen nur sehr kurze Erregung mit viel anschließender Regeneration*
- *Nicht zu spät füttern, wenige, leicht verdauliche oder gegebenenfalls keine Kauartikel*
- *Kurze Einheiten der „Stille in Kopf und Körper"-Übung (siehe Kapitel Übungen und Aktivitäten)*

- Hecheln (wahrgenommene Häufigkeit/Intensität auf einer Skala von 0 bis 10 aufzeichnen)
- Jammern, Winseln (wahrgenommene Häufigkeit/Intensität auf einer Skala von 0 bis 10 aufzeichnen)
- Bellen (wahrgenommene Häufigkeit/Intensität auf einer Skala von 0 bis 10 aufzeichnen)
- Rastlosigkeit (Wahrnehmung auf einer Skala von 0 bis 10 aufzeichnen)
- Muskelspannung (Wahrnehmung auf einer Skala von 0 bis 10 aufzeichnen)
- Schlafdauer (in Stunden)
- Tiefe Ruhe, das heißt, der Körper ist entspannt, die Atmung ist ruhig und der Hund horcht nicht bei jedem Geräusch auf (in Stunden)
- Appetit (Wahrnehmung auf einer Skala von 0 bis 10 aufzeichnen)
- Trinkverhalten (in Millilitern messen und aufzeichnen)
- Urinieren (Wahrnehmung auf einer Skala von 0 bis 10 aufzeichnen)
- Stuhlgang (Aussehen und Menge beschreiben)
- Sonstige individuelle Stresszeichen (Wahrnehmung auf einer Skala von 0 bis 10 aufzeichnen)

Je besser es Ihnen gelingt, mit dieser Tabelle zu arbeiten, desto genauer ist Ihr Instrument. Dennoch sollte die Umsetzung weder für Sie noch für Ihren Hund Stress bedeuten. Messen und bewerten Sie die Kriterien, die problemlos und stressfrei zu beobachten sind. Bei erfolgreicher „Stressentgiftung" sollten sich die Werte im Lauf der Zeit verbessern.

3. Verdauung

Probleme im Verdauungssystem – hiermit meine ich alle Vorgänge nach der Nahrungsaufnahme bis zur Ausscheidung – werden oftmals unterschätzt. Wie es um die Verdauung bestellt ist, lässt sich recht schnell und leicht erkennen. Die meisten Hundehalter können die entsprechenden Fragen problemlos beantworten. Es geht darum, wie der Hund sich

Das können Sie unternehmen:

- *Verdauungsprobleme im Stresstagebuch vermerken*
- *Kotuntersuchung (Mikrobiom, positive und pathogene Keime)*
- *Magen-Darm-Sanierung*
- *Unverträglichkeiten/Allergien testen*
- *Futterumstellung und -optimierung: anfangs leicht verdaulich (Schonkost), gegebenenfalls Ausschlussdiät*
- *Mehrere kleine Mahlzeiten, nicht zu spät am Abend*

nach dem Fressen fühlt und wie seine Ausscheidungen beschaffen sind, denn allein daran kann man in Bezug auf die Darmgesundheit einiges ablesen. Wenn der Kot fest und gut geformt ist, eine eher dunkle Farbe hat (nicht schwarz, aber mittel- bis dunkelbraun), die Häufchen nicht übermäßig groß sind und nicht öfter als zweimal pro Tag Kot abgesetzt wird, dann ist das schon ein wesentliches Zeichen dafür, dass der Magen, der Darm und die anderen Verdauungsorgane gut funktionieren. Indizien für eine Störung sind:

- Durchfall (mehrmals wöchentlich nicht geformter und weicher Kot)
- Verstopfung oder immer zu feste Häufchen (trocken, vielleicht sogar bröselig, hell, erschwerter Kotabsatz)
- Erbrechen (mehrmals in der Woche, mit oder ohne Futter, verdaut oder unverdaut)

Ein geformtes, mittel- bis dunkelbraunes Häufchen, das verhältnismäßig klein ist, deutet auf eine gute Verdauung hin. (Foto: Archiv Lismont)

- Regelmäßige laute Magen-/Darmgeräusche und Blähungen
- Häufiges Aufstoßen, Rastlosigkeit oder untiefer Schlaf (mögliche Über- oder Untersäuerung des Magens).

Wenn all diese Probleme nicht vorkommen und der Hund auch äußerlich einen guten Eindruck macht, heißt das zwar nicht, dass das ganze Verdauungs- und Ernährungsthema unbeachtet bleiben darf, aber es hat auch nicht oberste Priorität.

MASSNAHMEN BEI VERDAUUNGSPROBLEMEN

Falls eines oder mehrere der genannten Probleme bestehen, würde ich unbedingt zu einer Futteroptimierung raten und insbesondere dazu, eventuelle Unverträglichkeiten und Allergien abzuklären. Eine Ausschlussdiät ist hier das Mittel der Wahl. Ergänzend kann auf einen Speichel- oder Bluttest zurückgegriffen werden. Eine mögliche Vorgehensweise ist, zunächst einen Speicheltest zu machen und dann für die Ausschlussdiät geeignete Nahrungsmittel erst einmal einzeln zu verwenden, sodass man über mehrere Tage beobachten kann, wie verträglich die jeweiligen Futterkomponenten sind. Ebenfalls wichtig ist herauszufinden, ob im Darm ein Ungleichgewicht, eine sogenannte Dysbiose, besteht. Ein geeignetes Werkzeug hierfür ist eine Kotuntersuchung, die Aufschluss über die individuelle Bakterienbesiedlung (das Mikrobiom) im Darm gibt. Bitte lassen Sie sich bei diesem Thema von einem auf

Ernährung spezialisierten Tierarzt oder Tierheilpraktiker oder auch von einem unabhängigen, gut ausgebildeten Ernährungsberater begleiten. So kann, falls nötig, eine Magen-Darm-Sanierung in den Ernährungsplan mit eingebaut werden. Bei Verdacht auf Magenprobleme ist es zudem essenziell, dass ein Profi diese beurteilt. Für den Laien ist es nicht ersichtlich, ob eine Über- oder eher eine Untersäuerung des Magens vorliegt. Auf Verdacht Säurehemmer zu verabreichen, kann gehörig nach hinten losgehen.

Sie finden den Punkt „Ausscheidungen“ auch in der Tabelle zum Stressabbau im vorigen Abschnitt, und das aus gutem Grund, denn Stress und Verdauung hängen eng zusammen. In ihrem Buch „The Forever Dog“ schreiben Dr. Karen Becker und Rodney Habib: „It takes guts to be cool, calm and connected.“, was übersetzt so viel heißt wie: „Es braucht einen gesunden Darm, um gelassen, ruhig und geerdet zu sein.“ Sie beschreiben, wie stark sich die Verbindung zwischen Hirn und Darm auf das Wohlbefinden und das Verhalten des Hundes auswirkt, und sie sagen außerdem, dass die Darm-Hirn-Achse in Bezug auf das Stressthema eine ausgesprochen wichtige Rolle spielt. Die Darmbakterien produzieren chemische Stoffe, die über Nerven und Hormone mit dem Gehirn kommunizieren, und zwar in einem einzigartigen Zweiwegesystem. So können Darmbakterien die Harmonie im Körper wahren, indem sie beispielsweise die Cortisol- und Adrenalinschleusen abriegeln. Und andererseits kann Stress sich auch negativ auf das Verdauungssystem auswirken. Wohl die meisten von uns werden schon mal einen Stressmoment erlebt haben, der ihnen ein flaues Gefühl im Magen und einen Sprint ins Bad beschert hat.

Außerdem betonen Becker und Habib, was bereits zahlreiche Hundewissenschaftler festgestellt haben: Angst ist oftmals mit aggressivem (und reaktivem – Anm. der Autorin) Verhalten verbunden. Ursachen von Angst können zum Darm und seiner bakteriellen Besiedelung zurückverfolgt werden.

Unterschätzen Sie keinesfalls, in welchem Maß Verdauungsprobleme Stress und Unwohlbefinden verursachen können. Es ist leicht nachvollziehbar, dass ein Hund weniger Energie für die Bewältigung von alltäglichen Themen hat, wenn sein Verdauungssystem gestört ist oder er gar Bauchschmerzen hat.

4. Appetit, Ernährungsqualität

Eng im Zusammenhang mit dem vorigen Punkt steht die Qualität der Ernährung. Bei offensichtlich gestörter Verdauung liegt es nahe, die Ernährung genauer unter die Lupe zu nehmen. Aber auch, wenn auf den ersten Blick alles in Ordnung scheint, lohnt es sich, hier genauer hinzusehen. Ungeeignetes Futter kann ein erheblicher Auslöser von Stress sein und im Lauf der Zeit die Gesundheit beeinträchtigen. Hunde können durch eine unangepasste Fütterung hibbelig, leicht reizbar, lethargisch, zu dick, zu dünn, ständig hungrig oder mäkelig werden. Nahrungsmittelunverträglichkeiten, die zu Schmerzen im Verdauungstrakt führen können, wurden bereits angesprochen. Juckreiz am ganzen Körper kann ein weiteres Symptom sein.

Ich habe mich durch eine breit gefächerte und tiefgehende Ausbildung mit dem Thema Hundeernährung beschäftigt und musste dabei erfahren, dass unangepasstes, oft auch degeneriertes Futter nur allzu häufig wie selbstverständlich im Napf landet, obwohl es den Hund dauerhaft aus seinem Gleichgewicht bringt. Es hat mich traurig gemacht zu sehen, welche Schäden Futter im Organismus eines Hundes anrichten kann, und andererseits hat es mich auch fasziniert, wie lang manche Hunde eine ungünstige Ernährung wegstecken, bevor sich der Körper meldet. Ein naturnahes und nährstoffreiches Futter ist meiner Ansicht nach in vielen Fällen die erste und wesentliche „Medizin". Es würde den Rahmen dieses Buches sprengen, detailliert auf alle Aspekte der Ernährung einzugehen, aber sie ist ein wesentlicher Teil der Arbeit mit der DOGood Feelgood Matrix und es ist unabdingbar, sich eingehend mit diesem Punkt zu befassen.

Aus meiner Erfahrung weiß ich, wie schnell und tiefgreifend eine wohlüberlegte Futterumstellung wirksam werden kann. Diese angepasste Ernährung muss nicht teuer werden und kostet auch nicht viel Zeit; fairerweise muss ich jedoch sagen, dass der Aufwand schon etwas höher ist, als wenn man täglich einen Messbecher Trockenfutter in den Napf füllt. Glauben Sie mir, es lohnt sich: Gesundes und schmackhaftes Futter trägt nicht nur zum körperlichen Wohlbefinden bei, sondern es stimuliert auch die Sinne des Hundes und bereitet beim Fressen Vergnügen. Gerade für gestresste Hunde, denen bisher positive Momente in ihrem Alltag fehlten, kann dieser Aspekt von wesentlicher Bedeutung sein.

DER CHECK: IST DIE AKTUELLE ERNÄHRUNG GUT FÜR DEN HUND?

Der Hund frisst sein Hauptfutter mit Appetit und freut sich darauf: Er geht sofort an den gefüllten Napf und schleckt ihn genüsslich leer. Direkt nach dem Fressen wirkt er satt und zufrieden. Insgesamt ist er vital, jedoch nicht durch überschießende Energie „übersteuert". Er ist resilient genug, um mit seinem Alltag umzugehen. Wenn all das zutrifft, ist die Ernährung wahrscheinlich in Ordnung.

Ein sehr deutliches Zeichen dafür, dass etwas nicht stimmt, ist, wenn der Hund sich für den gefüllten Napf zunächst nicht interessiert und den Inhalt erst nach Stunden, womöglich sogar erst nach Tagen oder nur in der Nacht frisst. Ein Wechsel des Futters ist in diesem Fall zwingend erforderlich. Bitte sehen Sie von Versuchen ab, den Hund, etwa durch Aushungern, dazu zu „erziehen", das bisher Angebotene dennoch zu fressen. Ich möchte hier betonen, dass Ihr Hund durch das „Mäkeln" keineswegs versucht, Sie zu beeinflussen. Für mich ist klar: Sein Instinkt sagt, dass ihm dieses Futter schadet, und er wartet so lange, bis ihn der Hunger zur Nah-

rungsaufnahme zwingt. Wenn das Futter dem Hund zwar schmeckt, er jedoch nach dem Fressen rastlos wirkt, vielleicht sogar durchs Haus rennt und seinen Körper auf dem Teppich reibt, ist dies ebenso ein Zeichen dafür, dass etwas nicht in Ordnung ist. Trägheit und Lethargie können ebenfalls auf eine mangelhafte Ernährung zurückzuführen sein.
Weitere Punkte, die auf Probleme bei der Ernährung hinweisen, sind:

- Fressen von Unrat, von eigenem Kot und dem Kot anderer Hunde
- Der Hund wirkt ständig hungrig
- Körpergeruch, vor allem wenn er penetrant ist oder nach dem Abstreichen an den Händen haftet, kann auf Stoffwechselprobleme hinweisen
- Hautprobleme wie Ekzeme, Hotspots und Juckreiz
- Ausfluss aus Augen, insbesondere nach der Fütterung, oder vermehrtes und riechendes Ohrenschmalz
- Alle Anzeichen, die im Kapitel über die Verdauung bereits aufgelistet wurden
- Aggressives Verhalten im Zusammenhang mit Futter (Leckerchen oder andere „gefundene" Dinge können übermäßig wichtig werden, wenn das Futter im Napf die Bedürfnisse nicht erfüllt)

All das kann auf die verschiedensten Probleme, darunter Nährstoffmangel, Allergien, aber auch Leber- oder Nierenleiden, hindeuten. Wenn Sie etwas davon feststellen, sollten Sie fachkundige Hilfe in Anspruch nehmen.

Gesundes, frisch zubereitetes Futter ist meiner Ansicht nach eine wesentliche „Medizin" bei verschiedensten Problemen. (Foto: Archiv Lismont)

ÜBER- ODER UNTERGEWICHT

Das Körpergewicht des Hundes ist ein weiterer wichtiger Faktor. Eine gute Figur hat Ihr Hund, wenn Sie die hinteren Rippenbögen bei kurzem Fell mit bloßem Auge erkennen und bei langem Fell leicht ertasten können.

Deutliches Untergewicht erkennen Sie daran, dass alle Rippen und die Hüftknochen sichtbar sind. Auch die Wirbelsäule ragt heraus. Wenn Sie sich sicher sind, dass Ihr Hund entsprechend seines Aktivitätsniveaus genügend Futter bekommt, kann das Untergewicht auf verschiedene organische Probleme wie zum Beispiel eine Dysfunktion der Schilddrüse oder der Bauchspeicheldrüse hinweisen. Derartige Probleme wirken sich auch auf das Verhalten aus.

Übergewicht erkennen Sie daran, dass weder die Rippen noch die Hüftknochen oder die Wirbelsäule sichtbar sind. Bei starkem Übergewicht können Sie diese nicht mal ertasten. Wieder vorausgesetzt, dass die Fütterung stimmt, können auch bei Übergewicht organische Ursachen zugrunde liegen, die abgeklärt werden sollten. Wie das auch bei Menschen der Fall sein kann, verursacht nicht selten eine Wasseransammlung und somit eine Ansammlung von Toxinen und Belastungen im Gewebe das Übergewicht. Eine angepasste Ernährung trägt dann zur Entgiftung des Körpers bei. Zudem ist es wichtig, Umweltbelastungen zu reduzieren. Bedenken Sie, dass Giftstoffe auf vielen Wegen in den Körper gelangen können, nicht nur durch falsche Ernährung, sondern auch durch Chemikalien im Haushalt, Pestizide im Gelände, Trinkwasser, Pflegeprodukte und vieles mehr.

MASSNAHMEN ZUR ERNÄHRUNGSOPTIMIERUNG

Der beste Weg, um langfristig eine Verbesserung herbeizuführen, ist eine Ernährungsberatung für Hunde, bei der Sie mit entsprechend ausgebildeten Fachleuten alle Optionen durchgehen und alle Fragen klären, um individuell zur bestmöglichen Fütterungsform zu gelangen. Als erste Maßnahme können Sie Ihren Hund schon mal auf frisches und schonendes Futter umstellen. Das ist noch nicht optimal angepasst, aber bereits ein erster Schritt in die richtige Richtung. Wählen Sie eine für Ihren Hund verträgliche Fleischsorte als leicht verdauliche Proteinquelle, anfangs klein geschnitten oder gewolft und am besten gedünstet oder gekocht. So wird der Verdauungstrakt entlastet. Rinderhack oder Putenhack sind empfehlenswert, zumindest anfangs möglichst in Bioqualität, um sicherzustellen, dass der Körper in jeder Hinsicht von Toxinen entlastet wird.

Bei Verdacht auf eine Nahrungsmittelunverträglichkeit oder Allergie kann ein Speicheltest bei der Wahl des geeigneten Fleischs helfen. Ich empfehle, erst einmal bei einer Fleischsorte zu bleiben und andere Sorten später mit professioneller Unterstützung auszuprobieren. Entgegen häufiger Bedenken können ergänzend durchaus Kohlenhydrate eingesetzt werden. Diese sollten jedoch bereits aufgespalten (Flocken zum Einweichen oder sehr weich gekochter Reis/sehr weich gekochte Kartoffeln) und möglichst glutenfrei sein.

Eine gute Möglichkeit ist kohlenhydrathaltiges Gemüse wie Süßkartoffeln, Maniok, Pastinaken oder auch Pseudogetreide wie Amaranth, Buchweizen oder Hirse. Mais ist nicht zu empfehlen. Frisches Gemüse wie Zucchini, Fenchel, Blattsalate, Pastinaken und Karotten kann – leicht gedünstet und püriert – ebenfalls für mehr Abwechslung im

Napf sorgen und liefert nützliche sekundäre Pflanzenstoffe. Obst sollten Sie nur füttern, wenn Magenprobleme und Entzündungen im Verdauungstrakt bereits sicher ausgeschlossen wurden.

Ein grober Anhaltspunkt für die benötigte Futtermenge ist, dass Ihr Hund insgesamt täglich über mehrere Mahlzeiten verteilt etwa 2 bis 3 Prozent seines Körpergewichts zu sich nehmen sollte. Etwa zwei Drittel der Ration sollten tierischen und ein Drittel pflanzlichen Ursprungs sein.

Die genaue Menge und Aufteilung sind individuell verschieden und hängen unter anderem von Größe, Aktivität, Rasse, Alter und Gesundheitszustand ab. Ich weise noch einmal darauf hin, dass diese Angaben keine Ernährungsberatung ersetzen, bei der alles speziell auf Ihren Hund abgestimmt wird, aber Sie können damit eine Schonkost zusammenstellen, um den Verdauungstrakt umgehend zu entlasten und die Zeit zu überbrücken, bis die konkrete Empfehlung für Ihren Hund zusammengestellt ist. Als Leckerchen eignen sich in dieser Zeit getrocknetes Fleisch ohne Zusätze (nehmen Sie hierfür die gleiche tierische Proteinquelle wie beim Hauptfutter) und in Würfel geschnittenes, gedünstetes Gemüse.

Auch (selbst gebackene) gluten- und zuckerfreie Hundekekse sind möglich. Hier sollten Sie sich jedoch fachkundig beraten lassen, denn nicht jedes im Internet kursierende Rezept ist tatsächlich gesund. Bedenken Sie auch, dass die Verdauungssäfte nicht permanent aktiv sein sollten. Vermeiden Sie daher schwer verdauliche Kauartikel sowie die fortlaufende Gabe von Leckerchen

Frisches Gemüse (gedünstet und püriert) wertet jedes Futter auf. (Foto: Archiv Lismont)

Das können Sie unternehmen:

- *Alles, was im Kasten zum Punkt „Verdauung" empfohlen wurde*
- *Appetit und Trinkverhalten im Stresstagebuch vermerken*
- *Ernährung durch Nahrungsergänzungen gehaltvoller machen*
- *Gewichtsoptimierung*
- *Ruhepausen für den Verdauungstrakt*

über den ganzen Tag verteilt. Sorgen Sie dafür, dass der Verdauungstrakt – vor allem abends – eine Auszeit bekommt. Es ist eine gute Idee, Spaziergänge oder Aktivitäten, bei denen viele Leckerchen gegeben werden, zeitlich nah an eine Hauptmahlzeit zu legen.

Ein weiterer wichtiger Punkt bei der Ernährung ist frisches Wasser. Es kommt nicht selten vor, dass Hunde durch das Trinken von belastetem Wasser schädliche Bakterien in den Darm aufnehmen. Lassen Sie Ihren Hund möglichst nicht aus stehenden Gewässern oder gar aus Pfützen trinken. Bedenken Sie, dass auch Zisternenwasser verseucht sein kann. Ich biete meinen Hunden gefiltertes Leitungswasser an, um jegliche eventuelle Belastung auszuschließen.

Hier noch einige weitere Tipps für unterstützende Maßnahmen:

- Osteopathische Behandlungen wirken nicht nur auf das Skelett und den Bewegungsapparat ein, sondern auch auf innere Organe. Sie können Blockaden im Verdauungstrakt lösen. Ein Hund mit mangelndem Appetit, der sich oft dehnt und streckt, was auf Magenschmerzen hindeutet, oder der andere Probleme mit Fütterung und/oder Verdauung hat, sollte daher einem Osteopathen vorgestellt werden.
- Wie bereits beim Punkt „Verdauung" beschrieben, ist ein Blutbild mit allen Organwerten erforderlich, um organische Probleme auszuschließen (wichtige Werte sind die der Schilddrüse und Bauchspeicheldrüse sowie Entzündungswerte, die aufgrund eines Problems im Darm erhöht sein können).
- Auf die ebenfalls bereits angesprochene Kotuntersuchung zur Ermittlung des Mikrobioms im Darm möchte ich hier noch einmal hinweisen. Dabei sollten nicht nur die pathogenen, also schädlichen Keime überprüft werden. Das Gesamtbild ist wichtig. Ein Ernährungsberater kann auch hier helfen und anhand der Analyse beurteilen, welche Keime in Überzahl vorhanden sind, welche fehlen und welche überhaupt nicht in den Darm gehören. Eine Magen-Darm-Sanierung und die Förderung des Mikrobioms mit geeigneten probiotischen und präbiotischen Mitteln kann dann gezielt erfolgen.
- In einem weiteren Schritt sollte zudem eine Entgiftung angegangen werden. Diese muss behutsam und langsam unter professioneller Begleitung erfolgen, weil sie für sehr gestresste Hunde sonst eine erhebliche zusätzliche Belastung bedeutet. Toxinbindende Stoffe wie Erden unterstützen den Körper und insbesondere den Darm dabei, zirkulierende und sich ablagernde Toxine zu binden und auszuleiten.

Wenn ich Sie mit diesem Abschnitt über die Ernährung für dieses Thema sensibilisieren konnte, werden Sie in der Lage sein, Ihrem Hund jeden Tag eine Sonntagsmahlzeit zu bereiten. Das ist kein Verwöhnen, sondern vielmehr beseitigen Sie Unwohlsein, sorgen für eine ausreichende Nährstoffaufnahme, wirken lästigen Gewohnheiten entgegen und geben Ihrem Hund die Freude am Fressen zurück.

5. Bewegungsabläufe, Haltung, Gangbild

Hinter diesen Aspekten kann sich eine der Hauptursachen für mangelndes Wohlbefinden eines Hundes verbergen, was sich in den meisten Fällen ausgesprochen negativ auf sein Verhalten auswirkt. Das Wort „verbergen“ habe ich hier bewusst gewählt, denn ich stelle in meinen Erstgesprächen häufig fest, dass das Bewusstsein für dieses wichtige Thema fehlt und entsprechende Probleme deshalb nicht erkannt werden. Es ist mir ein dringendes Anliegen, dieses Bewusstsein bei Ihnen zu wecken. Nur wenn vorhandene Schmerzen festgestellt und therapiert werden, kann Verhaltenstraining erfolgreich sein. Verhaltenstraining mit einem Hund, der Schmerzen hat, ist aussichtslos, unfair und unwirksam.

Ich wage zu behaupten, dass nahezu alle Hunde, die mir aufgrund von Verhaltensproblemen vorgestellt werden, in irgendeiner Weise mit Schmerzen zu tun haben – oftmals im Bewegungsapparat. Ich frage daher, wie der Hund sich hinlegt und hinsetzt, wie er dann liegt, sitzt und wie er steht. Ich schaue mir außerdem an, wie er geht, trabt und galoppiert oder ob er eine Gangart gar nicht zeigt. Ich frage nach, ob er im Alltag Herausforderungen wie Stufen, Treppen oder glatte Böden lieber meidet oder übereilt hinter sich bringt und ob es Probleme gibt beim Autofahren, Geschirranziehen, Krallenschneiden, und einiges mehr. Ich möchte wissen, wie der Hund mit Körpernähe umgeht, wie und wo er am liebsten schläft und ob er auch mal

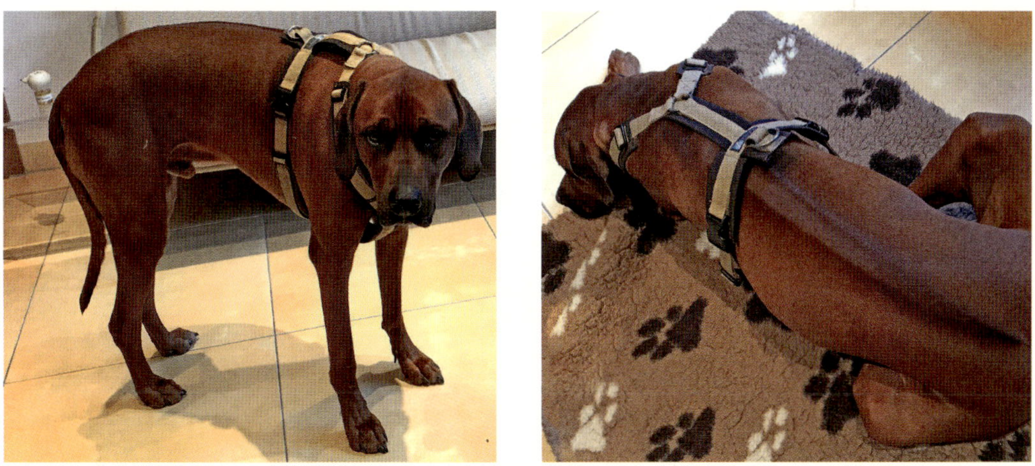

Ein Hund, der mir in einer Erstberatung vorgestellt wurde. Seine Haltung im Liegen und im Stehen spricht Bände. (Fotos: Archiv Lismont)

länger durchschläft. Dabei machen mich Aussagen wie „Er ist eben ein Morgenmuffel" hellhörig.

Die Antworten auf diese Fragen, die viele Hundehalter gar nicht auf ein mögliches Schmerzgeschehen beziehen, liefern wertvolle Informationen. Wenn ich mir den Hund nicht direkt anschauen kann, genügen für eine erste Einschätzung auch Bilder und Videos von typischen Haltungen des Hundes und vom Hund in Bewegung. Als medizinischer Laie kann ich selbstverständlich keine Diagnose stellen, aber die Beobachtung gibt Aufschluss darüber, ob ein Experte für Probleme im Bewegungsapparat aufgesucht werden sollte. Ich möchte Sie ausdrücklich dazu ermutigen, dies bei Verhaltensproblemen immer zu tun, auch wenn Ihnen selbst bei Ihrem Hund nichts oder nur irrelevant Erscheinendes auffällt.

WARUM WERDEN SCHMERZEN SO HÄUFIG ÜBERSEHEN?

An allererster Stelle steht die Tatsache, dass Hunde Schmerzen nicht unbedingt in der Form zeigen, in der wir das erwarten. Selbst erfahrene Hundemenschen sind häufig der Meinung, dass ihr Hund durch Jaulen, Winseln oder deutliches Humpeln zum Ausdruck bringen wird, wenn ihm etwas wehtut. Sie können sich schlicht nicht vorstellen, dass ein Lebewesen erhebliche Schmerzen haben kann, ohne dass ihm diese anzumerken sind. Genau das ist jedoch leider häufig der Fall. Wenn ein Hund humpelt, ist der Schmerz für ihn oftmals kaum noch zu ertragen und es besteht dringender Handlungsbedarf. Leichtes Humpeln oder Schonen kommt durchaus häufiger vor, ist aber für den Laien schwer zu erkennen. Bedenken Sie, dass der Hund vier Beine hat, um seine Dysbalance auszugleichen. Dadurch fallen kleine Unebenmäßigkeiten im Bewegungsablauf dem ungeübten Auge nicht auf.

Warum Hunde Schmerzen eher selten offen zeigen, ist nicht genau bekannt. Teilweise liegt es wohl daran, dass sie sich als Rudeltiere und Jäger sichtbare Schwächen und Schmerzen nicht erlauben können. Sie müssen durchhalten, um bei ihrer Gruppe zu bleiben, nicht zu verhungern, nicht angreifbar zu wirken und letztendlich unversehrt zu bleiben. Meine Erfahrung in der Praxis zeigt, dass gerade schmerzgeplagte Hunde oftmals laut sind und gefährlich wirken wollen. Das ist sicher kein Zufall. Sie möchten keine Nähe zulassen, um für sie unberechenbare Situationen zu vermeiden oder Situationen, in denen sie schnell und wendig reagieren müssten, weil sie nicht sicher sind, ob ihr Körper dies zulässt. Deshalb hat das Schmerzthema in meiner Herangehensweise auch höchste Priorität bei Aggressionsproblemen im Mehrhundhaushalt oder gegenüber Menschen.

Für uns Menschen sind Schmerzen nicht auf den ersten Blick erkennbar, es gibt aber durchaus Anzeichen, die nur leider häufig falsch eingeordnet werden. Ein Beispiel dafür ist, dass manche Hunde Schmerzen mit überdurchschnittlich viel Bewegung ausgleichen. Das sind dann in der Regel keine überlegten und ruhigen Bewegungen, sondern regelrechte Rennanfälle in hoher

Jung oder älter: Es ist kein sicheres Zeichen von Schmerzfreiheit, wenn Hunde schnell und viel laufen. (Foto: Archiv Lismont)

Geschwindigkeit und mit vielen verrückt aussehenden Wendungen. Dies führt nicht selten zu dem Trugschluss: „So wie der Hund sich bewegt und läuft, kann er keine Schmerzen haben." Eine Fehleinschätzung, die auch einige Tierärzte treffen. Natürlich hat nicht jeder Hund, der gelegentlich seine „verrückten 5 Minuten" hat und ein paar Runden dreht, ein Schmerzthema. Man sollte dieses Zeichen als ein Puzzleteilchen im Ganzen betrachten.

Schlussendlich ist auch das Alter ein erheblicher Stolperstein, wenn es darum geht, Schmerzen zu erkennen. Gerade bei jungen Hunden erscheint vielen Menschen die Idee abwegig, dass diese schmerzbedingt auffälliges Verhalten zeigen können. Ein erfahrener Osteopath sagte mir jedoch einmal: „Hunde kommen genauso wenig wie wir Menschen in einem gerade aufgerichteten Körper auf die Welt. Und sehr häufig löst sich die Blockade oder der Funktionsfehler nicht durch das Wachstum, sondern vielmehr verschlimmert sich das Problem und fräst sich immer tiefer und breiter durch den Körper."

Wenn wir es mit einem Hund zu tun haben, der sich von Anfang an viel und heftig bewegt, wird das häufig als für ihn normal betrachtet, obwohl es das im Einzelfall nicht unbedingt ist. So kann es passieren, dass ein solcher Hund nach Monaten oder Jahren gar nicht mehr weiß, wie sich ein Leben ohne Schmerzen anfühlt, weil er von Anfang an welche kompensiert und sich dabei ein großes Arsenal an Plan-B-Verhaltensweisen zugelegt hat. Die Therapie solcher Hunde ist zeitaufwendig, denn das Schmerzgedächtnis hängt ihnen buchstäblich in den Knochen. Wenn ihnen schließlich geholfen werden konnte, müssen sie oft erst wieder lernen, dass bestimme Dinge nicht mehr wehtun.

ANZEICHEN FÜR SCHMERZEN ERKENNEN

Was mich grundsätzlich an Schmerzen denken lässt, ist, wenn ein Hund viele repetitive Verhaltensweisen zeigt, etwa ständiges Mäusebuddeln, Bellen, Kreiseln oder andere zwanghaft wirkende Bewegungsabläufe oder ständiges aufforderndes Verhalten mit einem Spielzeug oder auch ohne. Man könnte diese Verhaltensmuster als Suche nach einem „Joint" einstufen. Die Frage ist, was der Hund damit betäuben will und wie ihm sein Verhalten dabei hilft. Hier spielen Stress- und Glückshormone eine Rolle (mehr dazu im vorigen Kapitel im Abschnitt „Stress im Körper").

Wenig Bewegung kann selbstverständlich ebenfalls auf Schmerzthemen im Körper hinweisen: Wenn der Hund generell ungern rausgeht, morgens so lange schläft, bis man ihn zum Aufstehen auffordert, sich ungern das Geschirr anziehen lässt, sich beim Spaziergang hinsetzt, Zeit gewinnt, indem er sehr lang an einer Stelle schnüffelt oder mit Bewegung verbundene Spiele frühzeitig von sich aus abbricht, sagt er damit womöglich, dass ihm das gerade nicht guttut. Wie immer muss man hier mehrere Faktoren wie Alter, Rasse und den sonstigen Gesundheitszustand berücksichtigen, um zu einer sinnvollen Einschätzung zu gelangen. Es ist jedoch generell hilfreich, darauf zu achten, welche Dinge ein Hund nicht oder ungern tut. Nahezu immer hat er dafür einen guten Grund.

Im Folgenden möchte ich nun etwas genauer auf die Punkte eingehen, die ich bei meinen Erstgesprächen abfrage. Ich nenne dabei bewusst keine möglichen Diagnosen, denn diese ergeben sich oft erst, wenn man mehrere Puzzleteile gesammelt und sie zu einem großen Bild zusammengesetzt hat. Es geht mir darum, Ihnen Anhaltspunkte für mögliche Auffälligkeiten zu geben und Sie zum genauen Beobachten anzuregen. So können Sie einer fachkundigen Person Ihres Vertrauens wertvolle Hinweise geben.

Gangbild: Wirkt es geschmeidig und gleichmäßig oder unrund, vielleicht sogar holprig? Oftmals kann nur ein geübtes Auge subtile Abweichungen erkennen. Meine Erfahrung hat gezeigt, dass viele stark gestresste Hunde so viel Spannung im Körper haben, dass ein ungleichmäßiges Gangbild kaum erkennbar ist. Die Unregelmäßigkeiten treten erst dann deutlicher zutage, wenn der Hund beginnt, sich etwas entspannter zu bewegen. Ein Körperband aus der Tellington TTouch® Methode kann hierzu beitragen und es uns ermöglichen, vorhandene Probleme wahrzunehmen. Auch die später beschrie-

Zahlreiche Wirbel oder auffällige Scheuerstellen im Fell verraten Verspannungen unter der Haut. (Fotos: Archiv Lismont)

Standbilder geben häufig ähnlich aussagekräftige Informationen wie Bilder in Bewegung. Hier ist die Asymmetrie besonders auffällig.

bene Übung „Stille in Kopf und Körper mit Bewegung" kann helfen, den Hund so zu entschleunigen, dass Abweichungen sichtbar werden. Aufmerksames Beobachten ist gefragt. Manchmal stolpern solche Hunde des Öfteren, manchmal hört man einen Fuß über den Boden schleifen. Spuren im Schnee oder auf festem Sand können Veränderungen ebenfalls sichtbar machen.

Sitzen: Setzt sich der Hund geschmeidig oder eher langsam und zögerlich? Sitzt er gerade oder entlastet er eine Seite – falls ja, ist es immer die gleiche oder wechselt er? Kann er längere Zeit im Sitz verharren oder geht er schnell zum Stehen oder Liegen über? Gibt es Untergründe, auf die er sich ungern setzt? Berührt der Hintern im Sitz überhaupt den Boden?

Liegen: Wie genau liegt der Körper des Hundes? Bleibt er lange in einer Position liegen oder wechselt er die Position öfter? Legt er sich auf eine Seite – wenn ja, ist es immer die gleiche Seite? Lässt er sich beim Hinlegen eher plumpsen oder kann er sich langsam ablegen? Legt er eines oder mehrere Beine auf ungewöhnliche Weise ab, zum Beispiel ausgestreckt und unter Spannung? Wie hält er den Kopf? Legt er diesen grundsätzlich auf einer Erhöhung ab oder kann er den Hals auch strecken? Lässt er den Kopf vom Bett oder vom Sofa hinabhängen? Rollt er sich oft ein oder liegt er ausgestreckt? Seufzt oder stöhnt er, wenn er sich hinlegt? Liegt er gern weich oder hart, warm oder kalt? Wechselt er beim Schlafen oft die Position? Wie sieht das Aufstehen aus? Wirkt es leicht oder eher mühsam?

Schütteln: Bewegt sich dabei der ganze Körper oder schüttelt der Hund nur sein Vorder- oder nur sein Hinterteil?

Hindernisse: Wie verhält sich der Hund, wenn er durch eine Türöffnung oder durch einen engen Flur gehen muss? Bewältigt er Treppen oder einzelne Stufen ruhig und beherrscht oder geht das immer schnell und ohne Rücksicht auf Verluste? Kann er auf Erhöhungen springen oder konnte er das bisher und seit Kurzem schafft er es nicht mehr? Wie sicher und ruhig verhält er sich beim Klettern auf gestapelten Baumstämme oder auf Felsbrocken? Wirkt das hektisch und planlos oder überlegt und balanciert?

Körperliche Nähe: Verlässt Ihr Hund seinen Sofaplatz, wenn Sie sich zu ihm setzen, oder knurrt er Sie sogar an, wenn er liegt und Sie sich auf ihn zubewegen oder ihn berühren wollen?

Fell: Auch das Fell kann Aufschluss über Problemstellen geben. Wirbel oder abstehende Haare weisen nicht selten auf verspanntes Gewebe hin. Wenn ich Kunden darauf anspreche, sagen diese häufig, dass der Hund gerade gewaschen wurde oder dass die Stelle schon immer so aussieht, weil hier das Halsband oder das Geschirr sitzt. Das mag alles zutreffen, kann aber ebenso gut auf Schmerzen hindeuten, was überprüft werden sollte. Wenn ein Hund „diese Stelle immer schon hat", hat er dort womöglich immer schon Schmerzen.

Belecken und Beknabbern: Anhaltendes Belecken und/oder Beknabbern von Körperteilen wie Gelenken oder Pfoten kann auf Verspannungen und/oder Schmerzen im Bewegungsapparat hindeuten. Häufig wird zunächst Juckreiz, etwa durch eine Grasmilbenallergie, vermutet und behandelt. Das ist eine mögliche Erklärung, aber es ist längst nicht die einzige.

Krallen: Ein eher unauffälliger, aber wichtiger Aspekt ist der Zustand der Krallen. Zu lange Krallen beeinflussen die Position der Pfoten und die Wahrnehmung (Propriozeption) in den Pfoten. Damit stören sie das Gleichgewicht und den Bewegungsablauf erheblich, was zu Zerrungen und Verspannungen im Skelett führen kann. Auf diese Weise wirken sich zu lange Krallen auf den ganzen Körper aus. Außerdem gibt es bei jedem Schritt Druck auf das Krallenbett, was eine Entzündung hervorrufen kann. Lernen Sie unbedingt, die Krallen Ihres Hundes selbst zu kürzen, denn dies sollte regelmäßig geschehen. Lassen Sie sich das richtige Vorgehen von einem Experten zeigen. Aufschlussreich kann auch ein Vergleich der Krallenlänge zwischen Vorder- und Hinterpfoten, links und rechts sein.

Hellhörigkeit bis hin zu Lärmempfindlichkeit, Trennungsangst, im Haus der Bezugsperson nicht von der Seite weichen, ein sehr leichter Schlaf, häufiges Winseln, häufiges Kratzen an einer bestimmten Stelle (sofern kein Hautproblem besteht), den Körper über den Boden reiben, den Kopf über den Boden reiben oder an Gegenstände drücken, übermäßiges Wälzen sowie leises und trockenes Hecheln können weitere Hinweise sein. Keines dieser Zeichen ist einem anderen in seiner Bedeutung über- oder untergeordnet. Was die Signale tatsächlich aussagen, hängt von ihrer Intensität ab und davon, in welcher Kombination sie auftreten.

Abschließend möchte ich noch einmal festhalten, dass jeder Hund seine individuelle Art hat, mit Schmerzen umzugehen. Der eine wird heftig und laut, der andere ruhig und leise. Veränderungen im Bewegungsablauf sind bei manchen Hunden für das geübte Auge deutlich zu erkennen, bei anderen kaum. Über die wahre Stärke der Schmerzen sagt das alles wenig aus. Grundsätzlich gilt aber, dass ein Hund, der unter Schmerzen leidet, keine oder zumindest wenig Energie hat, um sich selbst zu beherrschen, sich zu konzentrieren oder Situationen überlegt einzuschätzen, denn sein Gehirn befindet sich permanent im Überlebensmodus.

MASSNAHMEN BEI VERDACHT AUF SCHMERZEN IM BEWEGUNGSAPPARAT

Ohne Zweifel sollte der Hund tierärztlich durchgecheckt werden. Der kürzeste Weg wäre direkt eine orthopädische Abklärung, gegebenenfalls mit bildgebender Diagnostik. Eine osteopathische oder physiotherapeutische Erstanamnese ist in vielen Fällen ebenfalls aufschlussreich, sofern der Hund sich anfassen und behandeln lässt. Gerade bei Hunden mit einer langen Schmerzhistorie ist das nicht unbedingt der Fall. Hier sollte vorab ein Maulkorbtraining stattfinden. Osteopathen und Physiotherapeuten haben gute Möglichkeiten, den Körper aufzurichten, auszugleichen und durch Massagen, Strom- oder Wärmebehandlungen zu lockern. Es gibt eine Vielfalt an hervorragenden Techniken, um verspannte und steife Körper wieder geschmeidig und weich zu machen. Wichtig ist, dass die zur Anwendung kommenden Behandlungen aufeinander abgestimmt sind.

Ergänzend und nach Absprache mit den behandelnden Fachleuten können Sie mit Ihrem Hund ruhige Übungen machen, bei denen er lernt, seinen Körper langsam und bewusst zu bewegen, statt schnell und kopf-

Es kann sinnvoll sein, einen schmerzgeplagten Hund bei entsprechenden Untersuchungen mit einem Maulkorb zu sichern. Das Tragen des Maulkorbs muss zuvor geübt werden. (Foto: Archiv Lismont)

los. Wenn er auf diese Weise gelernt hat, besser mit Hindernissen zurechtzukommen, sind zahlreiche kleine Stressspitzen im Alltag, wie Treppensteigen oder Laufen über glatte Böden, entschärft. Übungsmöglichkeiten bietet der Tellington TTouch® Bodenarbeitsparcours. Sie können auch beim Gassigehen natürliche Elemente wie Felsen, Steinmauern, Baumstämme und Äste nutzen. Solche Geschicklichkeitsübungen lassen sich wunderbar mit einfachen Suchaufgaben kombinieren.

Das können Sie unternehmen:

- *Eingehende Untersuchung durch Tierarzt/Orthopäde, Osteopath, Physiotherapeut*
- *Bildgebende Diagnostik*
- *Medikamentöse Schmerztherapie*
- *Massagen und Tellington TTouch® Körperarbeit, um Verspannungen zu lindern*
- *Wärmetherapie*
- *Langsame Bodenarbeit, um Schonhaltungen aufzulösen*
- *Übung „Stille in Kopf und Körper – im Parcours" (siehe Übungen und Aktivitäten)*
- *Achtsame Körpererfahrungen unterwegs (klettern, balancieren)*

Unterstützend wirkt außerdem die Tellington TTouch® Körperarbeit. Diese sanften und effektiven Berührungen können Sie selbst erlernen und täglich einige Minuten anwenden. Damit lässt sich viel bewirken. Ein Körperband aus der Tellington TTouch® Methode vermittelt dem Hund mit wenig Aufwand mehr Körperbewusstsein und kann sich positiv auf das Gangbild auswirken. Selbstverständlich besteht auch die Möglichkeit, nach Beratung durch einen entsprechend erfahrenen Tierarzt oder Tierheilpraktiker Naturheilmittel zu nutzen.

Falls das Verhalten des Hundes so schwierig und heftig ist, dass es eine eingehende Diagnose und Behandlung unmöglich macht, bietet es sich oft an, mit dem Tierarzt eine Schmerzbehandlung auf Verdacht zu vereinbaren. Dosis und Dauer müssen so gewählt sein, dass eventuell vorhandene Schmerzen tatsächlich erfolgreich genommen werden. Suchen Sie das Gespräch und geben Sie nicht gleich nach dem ersten Versuch auf.

Es gibt eine Vielzahl an Schmerzmitteln und bestimmte Zustände verlangen nach spezifischen Medikamenten. Finden Sie einen Tierarzt, der bereit ist, Sie über längere Zeit zu beraten und zu begleiten. Wichtig ist, dass Sie Ihren Hund, während er das/die Schmerzmittel erhält, genau beobachten und im Idealfall ein Tagebuch führen, um zu sehen, was sich wann und wie verändert. Schläft Ihr Hund nun tiefer, läuft er flotter, ist er besser ansprechbar, wirkt er fröhlicher, spielt er mehr ...? Sollte das so sein, ist davon auszugehen, dass der Hund vorher unter Schmerzen gelitten hat.

6. Vertrauen in das menschliche Umfeld

Zu meinem großen Glück gehören die Hunde, die mir vorgestellt werden, nicht zu denen, die mit Angst vor Schmerzen oder Strafe leben müssen. Es sind keine Hunde, die zucken und sich ducken, wenn ihre Menschen bestimmte Handbewegungen machen oder auf sie zugehen. Dafür bin ich sehr dankbar. Dennoch ist es so, dass wir Menschen manchmal zu viel von unseren Hunden erwarten und ihre Empfindlichkeiten nicht genau wahrnehmen. Unsere Hunde sind Teil der Familie. Sie leben mit uns in unseren vier Wänden, teilen häufig das Sofa und das Bett mit uns und begleiten uns womöglich sogar zum Job. Das ist einerseits wunderbar, andererseits verführt es zu der Annahme, dass sie unseren nicht selten hektischen Alltag auf die gleiche Weise wahr-

Bei Engstellen wie hier auf der Brücke benötigt der Hund so viel Zeit und Raum wie möglich, um die Situation verarbeiten zu können. (Foto: Archiv Lismont)

nehmen und bewältigen wie wir. Dem ist jedoch nicht so: Hunde nehmen ihr Umfeld ganz anders wahr; all das, was sich darin bewegt, ob Mensch, Tier oder Objekt, alle Geräusche und Berührungen und insbesondere alle Gerüche wirken gewaltig auf sie ein, denn sie sind mit ihren Sinnen erheblich sensibler unterwegs als wir.

DIE BEDEUTUNG VON RAUM UND ZEIT

Was Raum und Zeit betrifft, haben Hunde ebenfalls andere Bedürfnisse als wir. Aus unserer Perspektive fällt es uns aber oft schwer, diese zu verstehen. Das hat zur Folge, dass wir sie nicht berücksichtigen, obwohl dies dem Hund den Alltag erleichtern würde.

Um das Raumbedürfnis besser zu verstehen, hilft dieses Beispiel: Ich erinnere mich an einen letzten Strandtag im Spanienurlaub. Es war ein Sonntag. Der Strand war überfüllt, aber wir hatten den Ausflug geplant und wollten ihn nicht abbrechen. In dem Glauben, dass es voller nicht mehr werden könne, legten wir auf einer Fläche, die dafür knapp ausreichte, unsere Handtücher aus. In diesem nun abgesteckten Areal wähnten wir uns sicher, aber weit gefehlt: Nach nur einer Stunde waren meine Füße von einem Teil eines benachbarten Handtuchs bedeckt und ein Strandnachbar musste über den Rand meines Handtuchs gehen, um zum Meer zu gelangen. Die Situation war uns extrem unangenehm und wir räumten schnell das Feld. Warum war das so? Weil wir diese Enge nicht erwartet hatten und sie auch nicht gewohnt waren. Die anwesenden einheimischen Spanier kamen damit zurecht. Für sie war das normal, zumindest an einem Sonntag. Ich denke, unseren Hunden geht es häufig so wie uns damals. Drinnen wie draußen kommen sie in Situationen, in denen ihre Individualdistanz für sie unerwartet unterschritten wird. Im Gegensatz zu uns in Spanien können sie dann allerdings oft nicht entscheiden, aus der Situation zu gehen. Drinnen werden sie von Wänden und Türen daran gehindert, draußen schränkt die Leine ihren Bewegungsradius ein.

Zeit ist ein weiterer wichtiger Faktor. Hunde können Situationen zwar schnell erfassen, benötigen aber Zeit, um einzuschätzen, ob diese Situation für sie sicher oder aber schwierig, vielleicht sogar gefährlich ist.

Wir Menschen bedenken das nicht und führen einen Hund oft zu schnell durch Situationen hindurch, die er noch nicht kennt und daher auch nicht einordnen kann. Wir vergessen dabei häufig auch den zuvor beschriebenen Aspekt und achten nicht darauf, dem Hund in der Situation genügend Raum zu bieten. Ich spreche hier noch nicht einmal von einem Besuch des Wochenmarkts oder einem Spaziergang in rege besuchten Freizeit- oder Gassigebieten. Derartige Situationen gibt es überall, auch direkt vor der Haustür. Sie können das Aufflammen vieler Kerzchen im Alltag vermeiden, wenn Sie häufiger 3 bis 10 Sekunden innehalten, Ihrem Hund Zeit geben, die Situation wahrzunehmen und einzuschätzen, und ihm dann genügend Raum bieten, damit er sie an lockerer Leine oder vielleicht sogar ohne Leine meistern kann. Das ist so viel besser, als ihn mit „Nun komm schon" und ordentlich Zug auf der Leine

Schauen macht schlau. Die Hunde sollten dabei aber nicht ins Starren verfallen. (Foto: Archiv Lismont)

irgendwie schnell durchzumanövrieren. Diese Vorgehensweise bildet den Kern des BAT-Trainings oder, besser gesagt, der gesamten BAT-Philosophie, der ich mich seit Langem verschrieben habe.

„Einer der schnellsten Wege, zu erreichen, dass dein Hund dir nicht vertraut, ist, ihn immer wieder zu überhören, wenn er mitteilt, dass er sich nicht sicher fühlt", sagt Suzanne Clothier, eine bekannte US-amerikanische Hundetrainerin. Das möchte niemand, und deshalb ist dieser Punkt in der Matrix so wichtig. Die Hundesprache ist leise und unauffällig. Verhaltensweisen und Signale, die dazu dienen, eine Situation zu entschärfen, auf Distanz zu gehen und sich Zeit zu verschaffen, um mehr über eine Situation zu erfahren, wirken auf uns oft wie zufällig und sind daher leicht zu übersehen. Bei all dem geht es nicht unbedingt um Angst, sondern darum, dass der Hund einschätzen möchte, ob die Situation für ihn gut ausgeht. Er hat dabei allerdings etwas anderes im Kopf als wir, wenn wir zum Beispiel überlegen: „Kann ich mein Auto hier parken oder bekomme ich dafür ein Knöllchen?" Oder: „Kann ich meine Steuerunterlagen eine Woche verspätet einreichen oder gibt es dafür schon ein Bußgeld?" Beides sind unangenehme Konsequenzen, aber sie tun uns nicht körperlich weh und sie können uns auch nicht außer Gefecht setzten – etwas, womit ein Hund in für ihn schwierigen Situationen durchaus rechnet und was er vermeiden möchte.

Durch das Leinenhandling aus dem BAT-Training, das ich im Kapitel „Übungen und Aktivitäten" erläutere, und durch den bewussten Einsatz unseres eigenen Körpers können wir dem Hund in schwierigen Situationen effektiv helfen, indem wir ihm so viel Zeit und Raum geben, wie er braucht, und ihm dabei weder die Sicht noch einen Fluchtweg versperren. Das wirkt beruhigend und unterstützt ihn dabei, die Situation zu meistern und den bewussten Umgang mit ihr zu lernen. Eine Handvoll Futter zur Ablenkung an den Wegrand werfen oder dem Hund die Sicht auf das Geschehen zu nehmen, ist hingegen nicht dazu geeignet, schwierige Situationen nachhaltig zu bewältigen, kann jedoch ein Notnagel sein, wenn es gerade keinen anderen Ausweg gibt.

Im Folgenden möchte ich Sie auf einige Situationen hinweisen, die uns selbstverständlich erscheinen, es für unsere Hunde aber nicht sind. Dazu gebe ich jeweils Anregungen, wie sich die Situationen für den Hund entspannter gestalten lassen.

Stufen, Treppen, enge Durchgänge: Wo wenig Platz ist, sollten wir mehr Zeit einräumen. Versuchen Sie dabei zu vermeiden, dass Sie Ihren Hund weiterdrängen, indem Sie mit wenig Distanz hinter ihm herlaufen oder ihn mit leichtem Zuppeln an der Leine weiterbitten. Holen Sie selbst tief Luft, atmen Sie hörbar aus, entspannen Sie Ihre Schultern und geben Sie ihm so viel Zeit und Raum, wie er braucht, um die Umgebung zu verarbeiten.

Berührungen: Egal ob durch Bezugspersonen oder fremde Personen wie Therapeuten – häufig werden Hunde unvermittelt berührt. Dem Menschen ist dabei nicht bewusst, dass dies vom Hund als unangenehm oder sogar als bedrohlich empfunden werden kann. Es ist daher immer ratsam, einen Hund auf achtsame Weise anzufassen, sodass er nie das Gefühl hat, überrascht zu werden. Mit der Tellington TTouch® Methode lernen Sie, wie Sie Ihren Hund einfühlsam berühren können. Die TTouches sind sanft, bewusst und haben eine positive Wirkung. Manchmal reicht sogar ein einziger TTouch aus, um für Hunde, die Distanz brauchen und Menschenhänden nicht mehr vertrauen, eine wichtige Brücke zu bauen. Auch das Körperband aus der Tellington TTouch® Methode ist eine gute Option, um einen Hund an Berührungen zu gewöhnen, ohne ihn direkt anzufassen. Im späteren Abschnitt zum Thema „Medical Training" lesen Sie, wie Sie Ihren Hund sinnvoll auf therapeutische Behandlungen und die hierfür notwendigen Berührungen vorbereiten können.

Körperliche Nähe an der Leine: Ich beobachte häufig, dass Hunde grundsätzlich die ganze Länge der Leine ausreizen, so als wollten sie sich immer so weit wie möglich von ihrem Menschen entfernt befinden. Ein Grund hierfür können Schmerzzustände sein, es kann aber auch daran liegen, dass der Hund mit der Nähe zu Menschen schlechte Erfahrungen gemacht hat und diese vermeiden möchte. In diesem Fall hilft es, wenn Sie ihn für eine Kontaktaufnahme (zum Beispiel durch einen Blick in Ihre Richtung) belohnen. Die Belohnung, so er daran Interesse hat, erhält er in Ihrer Nähe. Nimmt er das Futter

Viele Hunde schnüffeln, um Zeit zu gewinnen, die Umgebung einzuschätzen und eine aus ihrer Sicht sichere Strategie zu wählen. Indem wir Verständnis dafür zeigen, schaffen wir Vertrauen. (Foto: Archiv Lismont)

nicht aus der Hand, können Sie es auch vor sich auf den Boden legen und, sobald er dies wahrgenommen hat, einen Schritt zurückmachen. So wird es ihm leichter fallen, auf Sie zuzulaufen, weil er dennoch etwas Distanz halten kann. Mit der Zeit wird er lernen, dass er in Ihre Richtung laufen kann, ohne Angst davor haben zu müssen, berührt oder bedrängt zu werden.

Betreten fremder Umgebung: Egal ob es sich um eine Tierarztpraxis handelt oder um einen neuen Parkplatz, von dem aus die Gassirunde startet – drängen Sie den Hund nicht, das fremde Terrain zu betreten, und zerren Sie ihn nicht dorthin. Achten Sie bitte auch darauf, dass der Abstand zu fremden Personen gewahrt bleibt. Mit einer Kontaktaufnahme wäre Ihr Hund in dieser Situation sehr wahrscheinlich überfordert. Ermöglichen Sie ihm, das Ganze zunächst mit Abstand zu beobachten, und warten Sie ab, bis er von sich aus bereit ist, erste Schritte zu wagen. Vertrauen kann hier aus dem Gefühl von Sicherheit und Selbstwirksamkeit wachsen.

Spaziergänge: Für uns Menschen mögen die täglichen Gassirunden normaler Alltag sein, für so manchen Hund bergen sie allerdings zahlreiche Herausforderungen, die der Mensch, der mit ihm unterwegs ist, womöglich gar nicht als solche erkennt. Etwas, was bei Hundehaltern aus meiner Erfahrung häufig für Unmut sorgt, ist, dass der Hund sich an irgendeiner Stelle regelrecht festschnüffelt, während sie gern weitergehen möchten. Wenn das bei Ihnen auch so ist, eröffne ich Ihnen jetzt hoffentlich eine neue Perspektive auf dieses Verhalten und einen neuen, für alle Beteiligten angenehmeren Weg, damit umzugehen: Wenn Ihr Hund das nächste Mal draußen dringend schnüffeln muss und so das Weitergehen verzögert, können Sie drei Dinge tun: Achten Sie erstens darauf, was sich gerade im Umfeld verändert hat oder ereignet. Befindet sich vor Ihnen auf dem Weg eine Person oder kommt gerade jemand auf Sie zu? Steht an einer Stelle, an der früher nichts war, ein neues Objekt? Nähern Sie sich womöglich einem Ort, an dem sich einmal etwas für den Hund Unangenehmes ereignet hat? All das könnten Gründe dafür sein, warum Ihr Hund Zeit schinden möchte. Zweitens können Sie versuchen zu erkennen, wo Ihr Hund beim Schnüffeln hinschielt. In dieser Richtung befindet sich wahrscheinlich das, was ihm Sorgen bereitet. Und drittens sollten Sie genau darauf achten, wann Ihr Hund in der Lage ist, weiterzugehen. Vielleicht wollte er abwarten, bis die Person, die auf ihn zukam, vorbei ist. Nun haben Sie etwas über den Zweck seines Verhaltens gelernt. Er brauchte die Zeit, um diese Personen passieren zu lassen.

Statt stehen zu bleiben und zu schnüffeln, kann es auch sein, dass Ihr Hund in eine andere Richtung schaut oder eine ganz andere Richtung einschlägt, indem er zum Beispiel die Straßenseite wechselt, einen anderen Weg wählt oder in einen Graben „abtaucht". Diese Manöver sind etwas deutlicher als das Schnüffeln und zeigen, dass der Hund bereits gelernt hat, wie er seine Situation aktiv beeinflussen kann. Sie mögen manchmal wie zufällig aussehen, sind aber für den Hund in dem Moment sehr sinnvoll. Es ist so faszinierend, Hundeverhalten zu beobachten und lesen zu lernen!

Bleibt der Hund über längere Strecken vorsichtig und Sie kommen nur mit häufigen Unterbrechungen durch Stehenbleiben und Schnüffeln voran, liegt es wahrscheinlich daran, dass mehrere Reize auftreten und er noch mehr Zeit und Raum benötigt. Begleiten Sie ihn dabei und achten Sie stets darauf, dass die Leine durchhängt und kein Zug ausgeübt wird. Bleiben Sie möglichst immer hinter Ihrem Hund, sodass er sich nicht zum Auslöser seiner Emotionen hingedrängt oder hingezogen fühlt. So wird er weniger eingeschränkt.

Wenn Sie auf Ihrem Gassiweg in Zukunft versuchen, Situationen auf diese Art zu lösen, werden Sie staunen, was Sie alles über Ihren Hund lernen können, und vor allem werden Sie feststellen, dass er lernen kann, bestimmte Situationen mit mehr Ruhe und Zuversicht zu meistern. Selbstverständlich könnten Sie alternativ versuchen, ihm das, was für ihn neu und beunruhigend ist, „schönzufüttern". Das hat jedoch den Nachteil, dass er teilweise von der eigentlichen Situation abgelenkt wird, sofern er überhaupt Futter nimmt. Ich habe die Erfahrung gemacht, dass Hunde in für sie beunruhigenden Situationen lieber Zeit und Raum haben als Futter. Außerdem kann das Gehirn die Situationen so besser verarbeiten. So ist es möglich, dass das Vertrauen des Hundes in Sie, in den Alltag und in sich selbst wächst. Er erfährt Selbstwirksamkeit, weil er feststellt, dass er Einfluss auf sein Wohlbefinden nehmen kann.

Sollten Sie feststellen, dass für Ihren Hund Strecken mit vielen Reizen und Begegnungen zu schwierig sind, können Sie all diese Dinge in einer ruhigen Umgebung umsetzen, gegebenenfalls im eigenen Haus und Garten. Auch hier zeigen Hunde das Zögern, Schnüffeln, Wegschauen oder Sich-Entfernen. Dieses Verhalten ist ihnen angeboren.

Wenn man es ignoriert, wird es ihnen jedoch früher oder später abtrainiert. Indem Sie es ihm in den verschiedensten Situationen (wieder) ermöglichen, wird Ihr Hund dieses friedliche, vorsichtige Verhalten neu für sich entdecken.

HERAUSFORDERNDE SITUATIONEN BEWÄLTIGEN

Generell empfehle ich, bei Spaziergängen mehrere kleine Pausen einzuplanen, damit der Hund die Streckenabschnitte jeweils verarbeiten kann und kein Gefühl der Überforderung entsteht. Behalten Sie im Verlauf des Spaziergangs immer das Erregungslevel im Auge, damit Sie gegebenenfalls rechtzeitig für Beruhigung sorgen können, bevor eine Situation eskaliert. Bauen Sie in Ihre Spaziergänge auch Übungen für ein besseres Körpergefühl und/oder Suchaufgaben ein. Im Kapitel „Übungen und Aktivitäten“ finden Sie einige Anregungen. Ausführlichere Anleitungen und Tipps zur Gestaltung von Spaziergängen erhalten Sie in meinem Buch „Das Gassibuch für besondere Hunde“.

Sollten Sie mit Ihrem Hund trotz aller Vorsicht und trotz allen vorausschauenden Handelns in eine Situation geraten, mit der er überfordert ist, in der er kopflos reagiert und nicht ansprechbar ist, empfehle ich, diese Situation dennoch nicht fluchtartig zu verlassen. Es ist davon auszugehen, dass er bereits eine gewisse Körperanspannung hat, womöglich zeigt er auch bereits starkes körperliches Verhalten. Eine Flucht aus der Situation könnte nun ein Verstärker für dieses Verhalten sein. Das Ziel ist aber, dass er lernt, auch solche Situationen zu bewältigen. Sie müssen hierfür nicht mitten im Geschehen stehen bleiben. Gehen Sie ein kleines bisschen auf Abstand in einen ruhigeren Bereich. Die später in diesem Buch beschriebene Übung „Stille in Kopf und Körper“ eignet sich ausgezeichnet, um den Hund zu beruhigen und sein Gehirn wieder in die Lage zu versetzen, das Umfeld wahrzunehmen und zu kooperieren. Ich mache diese Übung so lange, bis der Hund mich wieder bewusst anschauen kann. Sie vereint Pause, Selbstwirksamkeit, geistige Präsenz, Gegenkonditionierung und Bewältigung.

In Situationen, in denen der Hund erregt ist, aber noch kooperieren kann, wirkt eine leichte Dreiecksübung (ebenfalls später in diesem Buch beschrieben) mit anschließender Suchaufgabe Wunder. Voraussetzung ist, dass der Hund die Dreiecksübung bereits kennt. Passen Sie die Anforderung an seinen aktuellen Zustand an. Wenn er doch zu erregt ist und sich noch gar nicht auf ein Spiel einlassen kann, machen Sie lieber eine Futtersuche oder greifen auf die Übung „Stille in Kopf und Körper“ zurück.

MEDICAL TRAINING

Das Medical Training ist eine Disziplin für sich, bei der es darum geht, einem Hund beizubringen, notwendige medizinische Behandlungen möglichst entspannt zumindest zu tolerieren und dabei idealerweise auch zu kooperieren. Die Beschreibung dessen, wie Medical Training im Einzelnen aufgebaut wird, würde den Rahmen dieses Buches sprengen. Ich empfehle Ihnen, sich eingehender damit zu beschäftigen. An dieser Stelle möchte ich Ihnen als Einstieg erläutern, wie ich meinen Hunden beibringe, sich am ganzen Körper anfassen zu lassen und dabei stillzuhalten. Das allein ist schon sehr viel wert. Einige Sekunden stillhalten für das Verabreichen einer Injektion, für das Fiebermessen oder die Untersuchung diverser Körperteile ist mit ein bisschen Training bald möglich. Und wenn Sie dranbleiben und die Übung ausbauen, kann der Hund irgendwann sogar ohne Narkose geröntgt werden, weil er gelernt hat stillzuhalten, bis das Bild gemacht wurde.

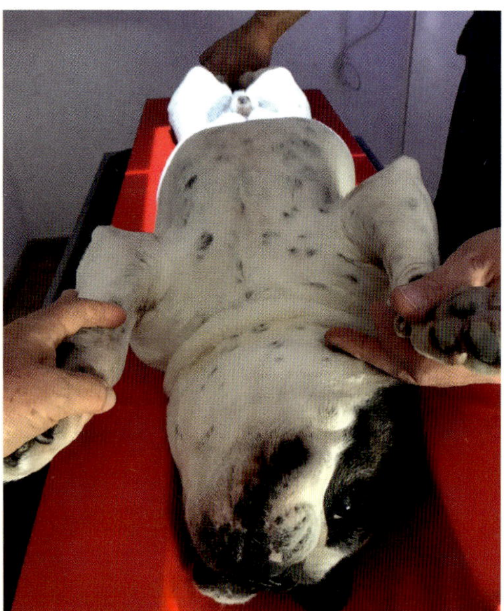

Wenn der Hund gelernt hat stillzuhalten, ist sogar das Röntgen ohne Narkose möglich. (Foto: Archiv Lismont)

So geht's

Überlegen Sie sich ein Wort, das Sie als Signal verwenden möchten, zum Beispiel „Halten". Nun sagen Sie dieses Wort sanft und leise, legen die Hand oder auch nur einige Finger leicht auf den Hals oder die Brust des Hundes, sagen anschließend Ihr Markersignal (Erläuterungen hierzu siehe Kapitel „Übungen und Aktivitäten"), reichen ihm ruhig ein Stückchen Futter zur Belohnung und nehmen erst dann die Hand weg. Lassen Sie Ihrem Hund Zeit, das Futter zu fressen, und warten Sie, bis er erwartungsvoll schaut, ob vielleicht mehr davon vorhanden ist. Nun wiederholen Sie den Ablauf: Signal – Hand an Brust oder Hals – Markersignal – Futter – Hand weg. Wenn Sie das einige Male gemacht haben, können Sie eine andere Körperstelle berühren, zum Beispiel den Ellbogen, die Vorderbeine, den oberen Rücken oder auch eine Lefze. Wenn auch das sicher klappt, können Sie die hinteren Bereiche des Körpers und die Pfoten dazunehmen. Dort sind Berührungen für den Hund am schwierigsten zu ertragen. Vergessen Sie nicht, immer wieder Pausen einzulegen, in denen der Hund nicht berührt wird und machen kann, was er will.

Im nächsten Schritt wird die Dauer der Berührung verlängert. Hierzu fangen Sie wieder mit den einfacheren Körperstellen an. Die Abfolge lautet nun: Signal – Hand an den Körper und bis drei zählen – Markersignal – Futter – Hand weg. Sie müssen nicht laut zählen, können es aber tun. Bedenken Sie, dass Sie diese Übung später in der Tierarztpraxis nutzen möchten. Gestalten Sie sie also von Anfang an genau so, wie Sie sie dort durchführen können und wollen.

Nun üben Sie schrittweise, die einzelnen Stellen immer länger zu berühren. Wenn Sie bei mehr als 10 Sekunden angelangt sind, können Sie Ihren Hund gern verbal unterstützen, indem Sie ihm sanft und leise vorsäuseln, wie gut er das macht.

Klappt auch das, üben Sie als Nächstes, dass Sie den Hund mit zwei Händen sichern, während eine andere Person (das sollte zunächst jemand sein, den der Hund kennt) verschiedene Stellen seines Körpers berührt. Gehen Sie auch hier wieder in sehr kleinen Schritten vor. Zunächst sollte diese Person die Hand oder einen Finger für die Berührungen verwenden, später dann auch andere Objekte wie etwa eine leere Spritze ohne Kanüle.

Wenn Sie dies circa 5 Minuten pro Tag trainieren (während diesen 5 Minuten nicht vergessen, dem Hund zwischen den einzelnen Übungen immer einige Sekunden Pause zu geben), werden Sie staunen, wie bald Ihr Hund sich anfassen und behandeln lässt. Diese kleine Trainingseinheit lässt sich wunderbar mit einer kurzen Tellington TTouch® Sitzung kombinieren. Sie kann entweder daran angeschlossen oder auch zwischen zwei kurzen Sitzungen eingebaut werden. Weiterführend können Sie mit der Zeit all diese Berührungen auch im Sitz, im Platz und im Liegen auf der Seite üben, sowohl auf dem Boden als auch auf einem Tisch. Dann klappt es irgendwann vielleicht sogar mit dem Röntgen ohne Narkose.

Das können Sie unternehmen:

- *Leinenhandling aus der BAT-Methode*
- *Zeit und Raum geben*
- *Ruhiges Medical Training*
- *Tellington TTouch® Körperarbeit, um Verspannungen zu lindern*
- *Tellington TTouch® Bodenarbeit, um das Zusammenspiel zu harmonisieren*
- *Angenehme Berührungen/Massagen*
- *Pausen bei allem, was Sie mit dem Hund unternehmen*
- *Dreiecksspiel und andere gemeinsame Spiele*
- *„Stille in Kopf und Körper"-Übungen*
- *Leckerchensuche, auch kombiniert mit Übungen für mehr Körperbewusstsein*

7. Freude statt Angst und Stress

Schwieriges Verhalten entsteht, bei Hunden wie bei Menschen, häufig aus Angst, Unsicherheit, Überforderung und/oder Verzweiflung. Im Kapitel über Stress haben Sie erfahren, was dieser mit Körper, Geist und Emotionen macht und warum es so wichtig ist, das allgemeine Stresslevel im Auge zu behalten. Unter normalen Umständen lässt sich der Alltag nicht komplett stressfrei gestalten. Wie ich unter dem Punkt „Schlaf und Regeneration" bereits beschrieben habe, ist absolute Stressfreiheit für einige Tage jedoch ein wesentliches Element des „Reset". So wird eine Basis geschaffen, auf der man die Resistenz gegenüber normalem Alltagsstress in sorgfältig kontrollierten kleinen Dosen aufbauen kann.

Das Thema Angst wurde unter dem vorigen Punkt bereits recht ausführlich mitbehandelt. Ich möchte hier noch einmal darauf hinweisen, dass ich das BAT-Training für besonders geeignet halte, um Ängste, auch solche vor bestimmten Situationen oder Objekten, erfolgreich zu bearbeiten. Meine Erfahrung hat gezeigt, dass dieser Ansatz schneller greift als eine Gegenkonditionierung. Letztere ist ebenfalls ein freundlicher und gewaltfreier Ansatz. Der Hund soll hierbei die Erfahrung machen, dass ein unangenehmer oder gar Angst auslösender Reiz von nun an immer etwas Angenehmes ankündigt, beispielsweise Futter. Das Problem ist, dass man den Hund zunächst in die für ihn unangenehme Situation bringen muss. Das geschieht zwar kontrolliert, aber dennoch ist sicher bereits Erregung im Spiel. Zudem wird ein Verstärker benötigt, der oft nicht wirksam eingesetzt werden kann, weil der Hund nicht mehr in der Lage ist, ihn anzunehmen.

Bei der BAT-Methode geht es hingegen darum, dass der Hund eigene Entscheidungen trifft, sich in seinem Tempo an den Angstauslöser heranarbeitet und sich mit diesem auseinandersetzt – oder auch noch nicht. Selbstwirksamkeit ist der Schlüssel. Das ist beflügelnd und macht stark, auch in Bezug auf den nächsten Angstauslöser und den übernächsten, weil der Hund erfährt, dass er niemals zu etwas gedrängt oder gezwungen wird. Generell gilt: Überstürzen Sie bei Angst einflößenden Vorkommnissen nichts, sondern versuchen Sie, alles möglichst normal zu gestalten und erst mal zu akzeptieren, dass Ihr Hund sich vom Angstauslöser entfernen will. Versuchen Sie bitte nie, Ihren Hund mit Futter zum Angstauslöser hinzulocken. Das bringt ihn in einen Konflikt: Er möchte das Futter, traut sich aber nicht hin. Im ungünstigen Fall wird das Futter negativ besetzt, weil er es von nun an mit Angst verknüpft. Der richtige Weg ist: Lassen Sie ihm Zeit, erlauben Sie ihm, Abstand zwischen sich und den Angstauslöser zu bringen, lassen Sie ihn aus für ihn angemessener Entfernung kurze Blicke hinwerfen und geben Sie ihm auch die Möglichkeit, sich ohne Annäherung zu entfernen. Das mag zunächst kontraproduktiv erscheinen, aber in Wahrheit schafft dieses Vorgehen Raum für freie Entscheidung und das Entwickeln natürlicher Neugierde.

FREUDE SCHAFFT AUSGLEICH

Überlegen Sie, wie viel Freude Ihr Hund im Alltag hat. Sie ist ein wesentliches Element für seine Weiterentwicklung zum gelassenen, geerdeten Hund, denn Freude, Spaß und Spiel wirken hervorragend gegen Stress, Angst und Anspannung. Möglicherweise stellen Sie fest, dass es nicht leicht ist, Ihrem Hund Freude zu bereiten, denn ängstliche und/oder angespannte Hunde zeigen oft kein Interesse an Spiel. Fangen Sie klein an und probieren Sie Verschiedenes aus. Vielleicht gibt es ein Spielzeug, das Ihren Hund interessiert und das er ins Maul nehmen möchte oder dem er hinterherspringt, wenn man es sanft über den Boden schiebt. Womöglich weckt es auch sein Interesse, wenn Sie es verstecken und hervorholen. Um ein Spiel mit einem solchen Hund zu initiieren, benötigen Sie viel Feingefühl, Einsatzbereitschaft und Geduld: kurze Spieleinheiten, kleine Bewegungen, Minischritte, Sanftheit, leise Töne und viele Pausen sind wesentlich. Spielen macht locker, aber auf der anderen Seite ist eine gewisse Lockerheit auch Voraussetzung dafür, dass es zu einem Spiel kommt.

Wenn Ihr Hund sich darauf einlassen kann, wird die Bildung von Dopamin und Serotonin ausgelöst, bei einem Spiel mit Körperkontakt auch die von Oxytocin, alles Hormone, die beim Stressabbau helfen. Es lohnt sich daher, schon während des Reset immer wieder wohldosierte Spielversuche zu starten

Als Hundehalter erkennt man, wenn der eigene Hund glücklich und zufrieden aussieht. (Foto: Archiv Lismont)

Das können Sie unternehmen:

- *Stressoren und Angstauslöser reduzieren oder vermeiden*
- *Spaziergänge kurz halten oder gegebenenfalls zunächst nur in den Garten gehen*
- *Kurze Spieleinheiten, dabei Anforderungen kleinschrittig steigern*
- *Tellington TTouch®, um Verspannungen zu lindern*
- *Möglichkeiten zum Kauen und Lecken geben*
- *Einfache Such- und Puzzleaufgaben stellen*
- *Pausen nicht vergessen*
- *Dem Hund Zeit und Raum geben*
- *BAT-Training, um Unsicherheiten und Ängste zu überwinden*

und dabei nicht zu schnell aufzugeben. Wichtig ist jedoch, dass es sich, zumindest in der ersten Zeit, nicht um wildes und aufgeregtes Spiel handelt. Ihr Hund sollte seine Bewegungen und Regungen noch jederzeit gut beherrschen können, sonst besteht die Gefahr, dass Adrenalin ausgestoßen wird, was kontraproduktiv wäre. Ihr Hund soll Freude empfinden und anschließend angenehm müde und zufrieden sein.

Auch Futter kann Ihrem Hund Freude bereiten. Viele Hunde haben Spaß am Nagen oder Schlecken. Probieren Sie es mit einer leicht verdaulichen Kaustange oder bestreichen Sie einen Kong® oder eine LickiMat® mit Naturjoghurt oder Frischkäse. Achten Sie darauf, dass der Hund sein „Geschenk" an einem ruhigen Ort bearbeiten kann, wo er sich sicher fühlt.

Ein Schnüffelteppich oder ein Handtuch, in dem Leckerchen eingerollt wurden, sind weitere Ideen. Gestalten Sie solche „Futterpuzzles" am Anfang nicht zu schwierig, sonst besteht die Gefahr, dass Ihr Hund Überforderung und Frustration statt Freude empfindet. Verschaffen Sie ihm Erfolgserlebnisse. Sie können ihm gern helfen, wenn er nicht weiterkommt, allerdings nicht jedes Mal sofort. Er soll die Erfahrung machen, dass ein bisschen Einsatz mit Erfolg belohnt wird. Das baut auf und macht stark. Ganz sicher werden dadurch kleinere Kerzchen gelöscht. Halten Sie die Spieleinheiten kurz. Insgesamt 5 bis 10 Minuten mit einigen Pausen sind ein guter Richtwert.

Derartige Such- und Puzzlespielchen können Sie auch im Garten machen und später in den Spaziergang integrieren. Finden Sie etwas, das die Augen Ihres Hundes zum Leuchten bringt und seinen Körper in eine angenehme, von freudiger Erwartung ausgelöste Spannung versetzt. Wenn Ihr Hund konzentriert mitarbeitet und auch bereits ein bisschen Geduld und Impulskontrolle entwickelt hat, ist das im Kapitel „Übungen und Aktivitäten" beschriebene Dreieckspiel eine wunderbare Möglichkeit, Freude zu erzeugen: nicht nur bei Ihrem Hund.

8. Selbstvertrauen, Mut, Resilienz

Es ist das, was sich im Grund jeder Hundehalter von seinem Hund wünscht: Er soll souverän und ruhig sein, bei Besuch entspannt und freundlich bleiben, Kinderpartys geduldig ertragen, mit durch die Stadt spazieren, auch mit zur Eisdiele und in den Biergarten kommen oder bei einer Wanderung irgendwo mit einkehren und sich bei all dem unauffällig verhalten. Damit ein Hund dabei nicht in Stress gerät, muss er mutig und gelassen sein, was Selbstvertrauen erfordert. So wird er befähigt, Situationen eigenständig und souverän zu lösen. Außerdem braucht der Hund Resilienz. Das Wort stammt aus dem Lateinischen. „Resilire" bedeutet so viel wie „in seine ursprüngliche Form zurückspringen". Letztendlich beschreibt das Wort heute die psychische Widerstandsfähigkeit. Im Prinzip geht es um innere Stärke, die es einem Organismus ermöglicht, eine schwierige Situation zu bewältigen und sich rasch davon zu erholen, sodass ihn diese im Folgenden nicht weiter belastet oder behindert. Resilienz führt sogar dazu, dass aus schwierigen Erfahrungen für die Zukunft gelernt wird. Sie ermöglicht eine individuelle Weiterentwicklung.

Viele der Hunde, die einen Reset benötigen, sind von all diesen Traumvorstellungen und Fähigkeiten leider so weit entfernt, dass ich manchmal zunächst nicht weiß, wie ich auf derartige Erwartungen von Kunden reagieren soll. Zum Glück kann ich in der Regel schnell Verständnis für die Situation des Hundes wecken. Wenn man weiß, warum der Hund aggressives, ängstliches oder auf andere Weise problematisches Verhalten zeigt, und versteht, dass kein Hund sich so verhält, weil es ihm Spaß macht oder weil er von Geburt an böse und schwierig ist, gelingt es, die Erwartungen deutlich herunterzuschrauben und durch in absehbarer Zeit erreichbare Ziele zu ersetzen, die sehr viel kleiner sind.

Das ist für alle Beteiligten ein Segen, denn nichts ist kontraproduktiver als zu hohe Erwartungen, die eventuell utopisch sind oder deren Erfüllung zumindest in weiter Ferne liegt. Ich zeige auch Zwischenetappen auf dem Weg zu einem möglichen, aber vielleicht immer noch hehren Ziel auf und schlage alternative Ziele vor, sodass es auf der neuen gemeinsamen Reise einige „Fluchtwege" gibt, wenn sich abzeichnet, dass die gewünschte Perfektion nicht zu erreichen ist. Manchmal müssen wir einsehen, dass eine Erwartung nicht hundegerecht ist oder zumindest dieser Hund sie nicht erfüllen kann.

Die Kerzenanalogie kann uns wieder helfen einzuschätzen, was unsere Erwartungen für den Hund bedeuten. Wenn vom Hund beispielsweise erwartet wird, dass er täglich länger allein bleibt, als er das bewältigen kann, oder wenn er uns regelmäßig auf längeren Autofahrten begleiten soll, was ihn in Wahrheit stark belastet, resultieren unsere

Eigene Lösungen zu finden macht Hunde stark und flexibel. Suchaufgaben eignen sich hierfür hervorragend. (Foto: Archiv Lismont)

Erwartungen in möglicherweise sehr dicken und/oder langen Kerzen. Diese können wir löschen oder zumindest verkleinern, indem wir unsere Erwartungen erst einmal offenlassen und Schritt für Schritt die Maßnahmen und das Training an das anpassen, was der Hund momentan zu leisten vermag. Wie müssen es ihm ermöglichen, den Umgang mit derartigen Situationen zu lernen. Da Lernen nur stattfinden kann, wenn der Hund keinen Stress hat, müssen wir mit geringen Erwartungen starten und die Situationen in kleinen Schritten üben.

Die gute Nachricht ist: Mut, Selbstvertrauen und Resilienz kann ein Hund erwerben. Vorausgesetzt, der Körper ermöglicht es und der Aufbau erfolgt kontrolliert und auf angemessene Weise. Ein wesentlicher Aspekt ist, dass der Hund nach und nach lernt, immer komplexer werdende Aufgaben und Situationen selbstständig zu lösen. Dazu eignen sich zunächst leichte und dann immer komplizierter werdende Suchspiele. Sie können beispielsweise erst einfache und nahe Verstecke wählen und später solche, bei denen der Hund weiterlaufen, sich strecken oder ein Stück klettern muss, um an das Leckerchen oder den Gegenstand zu gelangen. Außerdem ist es wichtig, dass die Bewegungsabläufe ausbalancierter und sicherer werden.

Die später beschriebene Tellington TTouch® Bodenarbeit ist dabei ausgesprochen nützlich. Wenn der Hund seinen Körper besser einsetzen kann, werden ihn glatte Böden, offene Treppen, Engstellen und Ähnliches nicht mehr verunsichern. Nebenbei lernt auch der Mensch bei dieser Art von Training wesentliche Dinge, etwa seinen Hund besser einzuschätzen und zu erkennen, wann dieser gut mit einer Situation zurechtkommt und wann er sich durchmogelt. So wachsen Mensch und Hund ein Stück weiter zusammen. Suchaufgaben sowie Balance- und Geschicklichkeitsübungen lassen sich auch leicht beim Spaziergang einbauen. Wichtig bei all dem ist, dass Sie Ihrem Hund nicht zu schnell helfen, aber dennoch eingreifen, bevor Frust aufkommt. Versuchen Sie dann aber, nicht direkt die Situation einfacher zu gestalten, indem Sie beispielsweise das Suchobjekt leichter zugänglich machen, sondern zeigen Sie Ihrem Hund lieber einen Weg auf, wie er zum Ziel gelangen kann.

Ich finde es immer wieder faszinierend zu beobachten, wie mein Hund Eden aus dem Zögern und Zweifeln herauskommt und eine Strategie entwickelt, sich seines Spielzeugs zu bemächtigen. Das sind Erfolgserlebnisse, die ihn stark machen und ihm zeigen, wie gut er seinen Körper einsetzen kann. Sorgen Sie für Abwechslung mit immer neuen Orten, neuen Objekten, neuen Übungen und neuen Situationen – selbstverständlich in dem Maß, in dem Ihr Hund das bewältigen kann. So werden neue Neuronenverbindungen im Hirn aufgebaut und der Hund entwickelt eigene Strategien. Das alles hilft ihm, sich weniger schnell in eine Überreaktion hineinzusteigern.

Hilfreich ist außerdem, wenn Sie Ihrem Hund bei für ihn schwierigen Situationen im Alltag genügend Zeit geben, um diese bewusst wahrzunehmen, einzuschätzen und in kleinen Schritten anzugehen. Wie bereits mehrfach erwähnt, setze ich in diesen Situationen voll und ganz auf das BAT-Training, zu dem Sie bei den „Übungen und Aktivitäten" noch mehr erfahren.

Das können Sie unternehmen:

- *Zeit und Raum geben, um schwierige Situationen zu bewältigen*
- *Körpererfahrungen (Tellington TTouch®, klettern, balancieren und Ähnliches)*
- *Körpererfahrungen mit Suchaufgaben kombinieren*
- *Erfolgserlebnisse ermöglichen*

9.

Ruhiges Verhalten, Ansprechbarkeit

Auch wenn dieses Thema in der Matrix erst an neunter Stelle steht, ist es nicht weniger wichtig als die davor genannten Punkte. Es kommt deshalb vergleichsweise weit hinten, weil ruhiges Verhalten und Ansprechbarkeit dem Hund überhaupt erst möglich sind, wenn gewisse Grundvoraussetzungen wie genügend Schlaf, Schmerzfreiheit und andere Punkte aus der Matrix erfüllt sind. Eventuell hat sich dieser Aspekt also allein durch das Umsetzen der schon beschriebenen Maßnahmen bereits ein Stück weit verbessert. Er ist dennoch so wichtig, dass ich ihm einen eigenen Punkt widme, denn nur mit einem ruhigen und ansprechbaren Hund kann draußen ein Dialog entstehen. Die fehlende Ansprechbarkeit ist in vielen Fällen genau das, was die Menschen verzweifeln lässt, weil es unmöglich ist, schwierige Situationen auf Kommunikationsebene zu lösen und den Hund zu unterstützen.

REPETITIVES VERHALTEN

Menschen, die neu zu mir kommen, haben fast schon im Regelfall das Gefühl, dass ihr Hund seine eigenen Spaziergänge macht und sie nur als Anhängsel am Ende der Leine dabei sind. Frage ich, wie sich das äußert, sind die häufigsten Antworten: Er scannt die Umgebung permanent ab. Er buddelt ohne Pause. Er hat die Nase permanent am Boden. Er zieht wie verrückt an der Leine und hat nur das Weiterkommen im Sinn. Die drei ersten Antworten haben mit Varianten des Jagens zu tun, die vierte mit einem hohen Bewegungsbedürfnis. Warum aber machen die Hunde das, obwohl sie damit doch auf den ersten Blick keinen echten Erfolg haben? Die Leine verhindert das Jagen und auch das „Mehr" an Bewegung. Der Grund ist, dass das Verhalten an sich bereits der Erfolg, also der Verstärker ist. Jagdverhalten ist bei Hunden genetisch verankert und selbstbelohnend. Das Scannen der Umgebung, also das Spähen mit den Augen, ist nichts anderes als eine Sequenz des Jagdverhaltens. Buddeln ist ebenfalls Jagen, nur auf kleinstem Raum, und auch Schnüffeln ist Jagdverhalten. Der Hund nutzt diese Verhaltensweisen, um das auszuleben, was in ihm steckt. Das sorgt direkt für die Ausschüttung von Glückshormonen. Ich betrachte diese Verhaltensweisen als Ventil für Frust und Stress. Derartige Jagdhandlungen lassen mich daher immer aufhorchen, denn sie sagen mir, dass der Hund auf der Suche nach Glück ist – oder nach einem Ventil für Stress …

Was das Ziehen an der Leine betrifft: Es ist zwar kein Jagdverhalten, aber es ist ebenfalls ein Warnsignal für ausgeprägte Erregtheit. Der Hund zieht, um vorwärtszukommen, und selbst wenn das nur schrittweise und mühsam funktioniert, genügt ihm das als Verstärker und führt dazu, dass er den Dauerzug aufrechterhält. Das ist für viele Hundehalter nicht nur ärgerlich und unangenehm bis hin zu schmerzhaft, sondern mitunter auch gefährlich. Wie zu Anfang des Buchs im Abschnitt „Das Verhaltens-ABC" beschrieben, entwickeln manche Hunde nämlich eine ausgeklügelte Technik, um sich loszureißen und sich auf diese Weise ihren Glückshormonkick zu holen.

Diese vier Verhaltensweisen sind lediglich Beispiele. Unsere Hunde sind sehr erfinderisch, wenn es darum geht, sich einen „Joint" zu organisieren. Gemeint ist hier nicht, dass ein Hund gelegentlich schnüffelt, buddelt oder zieht. Besorgniserregend wird es immer dann, wenn solche Verhaltensweisen repetitiv gezeigt, also ständig und scheinbar sinnlos wiederholt werden. Aus diesem Hamsterrad sollte dem Hund herausgeholfen werden. Das gelingt nicht, indem man lediglich das störende Verhalten umtrainiert und dem Hund dafür ein sogenanntes Alternativverhalten beibringt. Eine solche Alternative müsste für den Hund so gut passen, dass sie ihm mehr bietet als das bisherige Verhalten. Selbst wenn das so wäre, läuft man Gefahr, dass in der Zukunft das Alternativverhalten repetitiv gezeigt wird. Solange man die Ursache für das ursprüngliche Verhalten nicht bearbeitet, reduziert oder beseitigt, wird der Hund sich immer wieder ein Ventil suchen. Es gilt also, zunächst die Ursachen zu bearbeiten, was mit den vorherigen Punkten der Matrix geschieht. Dadurch verschwindet das repetitive Verhalten zwar meistens nicht sofort, weil es oft eine lange Historie hat und tief im Verhaltensrepertoire verfestigt ist, aber es wird auf alle Fälle veränderbar.

WEGE ZUR BESSEREN ANSPRECHBARKEIT

Das Ziehen an der Leine ist meistens von einer spezifischen Körperhaltung geprägt: Häufig geht es damit einher, dass der Vorderkörper unter enormer Spannung steht, weit nach vorn geschoben wird und sich daher permanent in Schieflage befindet. Andere Hunde, die sehr viel Bewegungsdrang haben, berühren den Boden mit ihren vier Füßen kaum, und wieder andere haben gelernt, seitlich zu ziehen, um dorthin zu kommen, wo sie hinmöchten. Sie liegen demzufolge auch fast auf der Seite und winden sich auf

Das Laufen an lockerer Leine ist nur mit einem gut ansprechbaren, ruhigen Hund möglich. (Foto: Archiv Lismont)

diese Weise nicht selten aus dem Geschirr. An Ansprechbarkeit ist bei all diesen Hunden nicht zu denken. Um eine Veränderung zu erzielen, müssen wir diese ungünstigen Körperhaltungen ablösen. Hierfür ist die Tellington TTouch® Methode ausgesprochen hilfreich. Durch die ruhige Bodenarbeit werden „fliegende" Hunde geerdet, schnelle Hunde langsamer und schief liegende Hunde gerader. Das Körperband verschafft diesen Hunden ein besseres Gefühl für ihren Körper und kann beruhigend auf das Nervensystem wirken. Die Körperarbeit hilft, die Muskelverspannungen, die durch diese Haltungen und Handlungen unweigerlich entstehen, zu lindern. Wenn Ihr Hund es zulässt, können Sie einfache und ihm bereits bekannte TTouches auch in den Pausen anwenden, die Sie in Ihre Spaziergänge draußen einbauen. Bei Hunden, die streckenweise kaum zu halten sind und aufgrund ihrer Zugkraft und -technik für ihre Menschen eine Gefahr darstellen, empfehle ich die Balanceleine aus der Tellington TTouch® Methode. Zwar schränkt sie den Hund räumlich ein, bei gekonntem Einsatz und mit etwas Übung hilft sie jedoch, die Schieflage durch eine aufrechte Haltung und ein schnelles Tempo durch ein besonnenes abzulösen. Die Balanceleine sollte nie über den gesamten Spaziergang eingesetzt werden. Bei schwierigen Strecken, wo viele Auslöser, Gerüche und Stressoren vorhanden sind, ist sie jedoch ein wirksames Mittel, um Nerven und Körper von Mensch und Hund zu schonen.

Die „Stille in Kopf und Körper"-Übung ist ebenfalls sinnvoll, nicht nur für die ziehenden Hunde, sondern auch bei anderen überschießenden und repetitiven Verhaltensweisen wie Buddeln und Schnüffeln. Hierdurch

Beschäftigung für Kopf und Körper wirkt ausgleichend. Das Körperband verbessert das Körpergefühl und hat einen beruhigenden Effekt. (Foto: Archiv Lismont)

verweilt der Hund längere Zeit und nimmt immer wieder eine aufrechte Position mit allen Füßen auf dem Boden ein. Darüber hinaus hilft die Übung dem Hund, auch mal etwas länger bewegungslos zu verharren und immer wieder Kontakt zu seinem Menschen aufzunehmen, wobei er sich durchaus auch die Umgebung anschauen darf. Das alles kann er in seinem eigenen Tempo machen. Er nimmt die Umgebung also aktiv wahr, blendet nichts aus und kann dennoch bei sich bleiben.

Eine weitere gute Möglichkeit ist, dass Sie zusammen mit Ihrem Hund in langsamem Tempo quer durchs Gelände streifen und die Gegebenheiten für Übungen nutzen. Steigen Sie gemeinsam mit ihm langsam über Hindernisse wie am Boden liegende Äste, lassen Sie ihn über Baumstämme oder Mäuerchen balancieren, schicken Sie ihn im Slalom um Bäume oder Pfosten oder lassen Sie ihn an Böschungen oder im Gehölz Futterstückchen suchen. Legen Sie bei all diesen Aktivitäten Wert auf langsame Bewegungsabläufe, bei denen Ihr Hund seinen Körper bewusst einsetzt. Die Kombination von Hindernissen mit dem Schnüffeln nach Futterstückchen betätigt Kopf und Körper zur gleichen Zeit, was oft ausgleichend wirkt.

Wie Sie wahrscheinlich festgestellt haben, geht es auch hier nicht um Training im eigentlichen Sinn, bei dem der Hund lernt, Dinge auf Signal auszuführen, wofür er eine Belohnung erhält. Das Ziel ist vielmehr, den Hund dazu anzuregen, eine andere Haltung, ein anderes Tempo und andere Bewegungsabläufe wiederzuentdecken. Je öfter wir ihm die Möglichkeit dazu geben, desto häufiger wird er es von sich aus tun. Je mehr der Hund mit seiner Aufmerksamkeit bei sich und bei seinem Menschen ist, je ruhiger er die Umgebung verarbeiten kann und je besser er ansprechbar bleibt, desto größer wird die Chance auf Freilauf. Freilauf eignet sich wunderbar, um das Bewegungsbedürfnis zu befriedigen und um ruhiges Erkundungsverhalten in eigener Regie zu ermöglichen. Das macht glücklich und zufrieden, aber es will gelernt sein.

Das können Sie unternehmen:

- *Pausen, in denen der Hund eine ruhige Körperhaltung einnimmt*
- *„Stille in Kopf und Körper"-Übungen*
- *Körpererfahrungen (Tellington TTouch® Bodenarbeit, Klettern, Balancieren)*
- *Ruhige Suchaufgaben*
- *Körpererfahrungen kombiniert mit Suchaufgaben*
- *Tellington TTouch® Körperarbeit (TTouches)*
- *Tellington TTouch® Körperband*
- *Freilauf, sofern möglich*
- *Selbstwirksamkeit fördern*
- *Ballspiele und Hetzspiele mit anderen Hunden vermeiden*

10.
Interesse an der Umwelt, Neugierde

Dieses Thema hat im Wesentlichen damit zu tun, ob der Hund sich überhaupt auf Aktionen und Interaktionen mit seinem Menschen oder auf Impulse aus seinem Umfeld einlassen kann. Es geht auch darum, ob er bestimmte Vorkommnisse in seinem Umfeld wahrnehmen und sich dafür interessieren kann, ohne sich in einer heftigen Reaktion darauf zu verlieren oder sich geistig davon zurückzuziehen. Gerade wenn Hunde bereits unter einer Reizüberflutung leiden, kann eine Kleinigkeit dazu führen, dass sie explodieren oder einfach abschalten.

Es gibt unterschiedliche Gründe, warum ein Hund nicht in der Lage ist, sich auf positive Weise mit seinem Umfeld auseinanderzusetzen und mit dem Menschen zu interagieren. Manchen Hunden fehlt in bestimmten Momenten die geistige Kapazität, um sich länger auf etwas zu konzentrieren, sodass sie sich schnell wieder anderweitig orientieren. Bei anderen Hunden sind es unangenehme Erfahrungen in der Vergangenheit mit einem Objekt, Geschehen, Menschen oder Tier, die dazu führen, dass sie mit bestimmten Situationen nicht umgehen können. Angst, Unsicherheit, allgemeine Erregtheit oder Überforderung können sich so sehr im Körper breitmachen, dass der Hund entweder überreagiert und sich in exzessives Verhalten wie Bellen, Winseln, Buddeln oder Schnüffeln flüchtet oder sich komplett zurückzieht. Diese Hunde legen sich in eine Ecke und möchten nichts mehr mitbekommen. Andere Hunde schauen starr in die Ferne, ignorieren jegliche Kontaktaufnahme und meiden Blickkontakt. Häufig werden sie deswegen mit Etiketten wie „faul", „dumm" und „störrisch" belegt. Was auch immer der Grund ist und wie auch immer das Verhalten aussieht: Einen Zugang zu einem solchen Hund zu finden und Kontakt aufzubauen ist schwierig, und noch schwieriger bis unmöglich ist es, ihn zu trainieren. Es gibt jedoch einen Schlüssel: Dieser besteht darin, das Interesse eines solchen Hundes an seinem Umfeld und seine Neugier zu wecken.

Der beste Weg, um einen solchen Hund aus seinem Schneckenhaus zu locken, sind kurze, sehr einfache Beschäftigungseinheiten und attraktive Verstärker, wobei das Hauptaugenmerk auf ruhigem Verhalten und Interaktion mit dem Menschen liegt, was dem Hund das Denken und das Treffen eigener Entscheidungen erlaubt. Um sicherzustellen, dass das Interesse während der Einheiten nicht verpufft, hat sich eine Länge von 5 bis 10 Minuten bewährt. Es geht bei diesen Sessions nicht um das Abfragen bestimmter Verhaltensweisen, sondern darum, Eigeninitiative zu ermöglichen. Selbstwirksamkeit spielt eine zentrale Rolle. Wir sollten also eine Situation kreieren, die den Hund interessiert, und uns dann selbst zurücknehmen und zuschauen, was er macht. Dadurch, dass wir ihn nicht drängen, wird es ihm leichter fallen, mit uns in Kontakt zu treten. Beispiele für mögliche Angebote wie

Schnüffelteppiche, das Verstecken von Spielzeugen und vieles mehr wurden bereits mehrfach genannt und werden auch im Kapitel „Übungen und Aktivitäten" beschrieben. Nach und nach kann man in die auf diese Weise wiedererwachte Neugier Interaktion einbauen. Das bedeutet, dass wir zuerst kurz mit dem Hund interagieren und er daraufhin Erkundungsverhalten zeigt. Ziel ist, dass der Hund Eigeninitiative entwickelt und all das mit der Anwesenheit seines Menschen in Verbindung bringt. Sie können beispielsweise nach einiger Zeit erst dann Futterstückchen auslegen, wenn der Hund kurz Kontakt mit Ihnen oder einem Objekt, das Sie ihm präsentieren, aufgenommen hat. So verstärken Sie interaktives Verhalten, das er sehr leicht und selbstwirksam anbieten kann. Anschließend können Sie mehr Bewegung in die Übung bringen, indem Sie immer wieder zu einer neuen Stelle gehen, dort etwas ablegen und sich dann wieder entfernen. Dadurch haben Sie gute Chancen, dass der Hund anfängt, sich für Sie zu interessieren und Ihnen sogar zu folgen. Denken Sie daran, Leckereien zu wählen, die der Hund sehr gern mag, denn die Leistung sollte gering sein, die Belohnung dafür aber so stark, dass sie ihn motiviert, sich weiter zu engagieren.

Sollte Ihr Hund draußen dazu neigen, sich aus Angst vor bestimmten Objekten zurückzuziehen, können Sie das BAT-Training nutzen, bei dem Sie ihm so viel Raum und Zeit geben, dass er die Chance hat, sich mit dem Angstauslöser auseinanderzusetzen und Interesse zu entwickeln. Vergessen Sie nicht, immer wieder Pausen einzubauen, um Ihren Hund nicht zu überfordern.

Das können Sie unternehmen:

- *Einfache, kurze, hundegerechte Beschäftigung (Schnüffeln – Erkunden – Finden – Fressen)*
- *Leichte Anforderungen, große Belohnung*
- *Kontaktaufnahme einbauen*
- *BAT in Angstmomenten*
- *Kleine Schritte*
- *Viele Pausen*
- *Kurze Einheiten*

Blick ins Leere: Hunde, die aus schwierigen Situationen mental fliehen, indem sie abschalten, sind eine große Herausforderung. (Foto: Archiv Lismont)

11.
Lernfähigkeit, Freude am Lernen

Nachdem alle anderen Punkte bearbeitet wurden, geht es nun, beim vorletzten Punkt der Matrix, um das Lernen und Trainieren. Genau hier setzt konventionelles Verhaltenstraining in der Regel an, nämlich mit dem Training am Problem selbst. Wie zu Beginn des Buches beschrieben, ist das oftmals zum Scheitern verurteilt. Der Grund dafür: Unter dem Einfluss zu vieler Stressoren ist Lernen nahezu unmöglich. Zum Lernen muss der Hund sein Vorderhirn nutzen können, bei Stress übernehmen jedoch die für reaktives Verhalten zuständigen hinteren Hirnareale das Kommando, darunter der Mandelkern. Kognitive Leistungen sind dann kaum noch zu erwarten. Das sind die Momente, in denen selbst der verfressenste Hund kein Futter mehr nimmt, der gut trainierte Hund auf kein Umorientierungssignal mehr reagieren kann und manche Hunde sogar zu rückgerichteter Aggression neigen.

Meine ganzheitliche Vorgehensweise ist darauf ausgerichtet, den Hund überhaupt wieder lernfähig zu machen. Es kann sogar gut sein, dass sich Probleme allein durch die vorhergehenden Maßnahmen und Veränderungen gelöst haben. Sollte das jedoch nicht der Fall sein, wurden idealerweise die Voraussetzungen geschaffen, dass der Hund nun gemeinsam mit Ihnen lernen kann, für ihn schwierige Situationen anders als bisher zu lösen. Die Übungen zur Ansprechbarkeit werden mit Sicherheit dazu beigetragen haben, dass er auch in brenzligen Momenten besser kooperiert, weil er sich nun besser konzentrieren kann, eine gewisse Ausdauer entwickelt hat und ihm die Interaktion mit Ihnen Freude bereitet.

Am einfachsten und fairsten funktioniert Lernen mithilfe von positiver Verstärkung. Das bedeutet, dass der Hund durch etwas für ihn Angenehmes (eine Belohnung) dazu motiviert wird, ein erwünschtes Verhalten öfter, länger, stärker und/oder prompter anzubieten. Man spricht bei dieser Vorgehensweise auch vom „Lernen am Erfolg“, weil der Hund eindeutig erkennen kann, dass ihm ein bestimmtes Verhalten ein Erfolgserlebnis bringt. Lernen mit positiver Verstärkung funktioniert am besten mit Clicker- oder Markertraining. Hierbei wird ein klares Signal genutzt, um dem Hund anzukündigen, dass er eine Belohnung verdient hat – die er in der Folge auch unmittelbar erhält. So kann spontan gezeigtes Verhalten ebenso bestätigt werden wie Verhalten, das der Hund auf Ihr Signal hin zeigt. Nähere Erläuterungen zur Verwendung eines Clickers oder Markerworts finden Sie im Kapitel „Übungen und Aktivitäten“. Mit dieser Art des Trainings leiten Sie Ihren Hund von Erfolgsmoment zu Erfolgsmoment, wobei seine Lern- und Kooperationsbereitschaft mit jeder Bestätigung wachsen. Als Belohnung kann übrigens nicht nur Futter dienen. Wenn Ihr Hund mit Ihnen spielt, sei es mit einem Zerrspielzeug oder in Form eines

Laufspiels, können Sie dies in der Regel als noch intensiveren Verstärker einsetzen. Meine Erfahrung hat gezeigt, dass das Lernen auf diese Weise sogar schneller klappt.

Durch das Training mit positiver Verstärkung werden Sie ein Lächeln auf das Gesicht Ihres Hundes zaubern. Es geht leicht, es wirkt schnell und es macht den Beteiligten an beiden Enden der Leine Freude. Letzteres ist, wie wir nun wissen, ein wichtiger Ausgleich für unvermeidliche stressige Momente, die es im Alltag immer wieder geben wird. Bedenken Sie auch beim Training, dass die meisten Hunde, die einen Reset hinter sich haben, zwar vielleicht schon in der Lage sind, gut mitzuarbeiten, aber nach wie vor noch keine allzu große Ausdauer haben und vergleichsweise schnell das Interesse verlieren können. Daher ist es wichtig, die Lerneinheiten kurz zu halten, einfache Dinge großzügig zu belohnen und viele Pausen einzulegen. Eine Pause nach zwei bis drei Wiederholungen ist ein sinnvoller Richtwert. So kann das Gelernte besser abgespeichert werden. Eine Pause besteht darin, dass Sie die Belohnung und gegebenenfalls den Clicker zur Seite legen und einige Sekunden bis hin zu einer Minute nicht mit dem Hund interagieren. Es ist eine prima Idee, die Pausen mit einem Pausensignal einzuleiten. Ich sage das Wort „Pause" und zeige zwei leere Hände. Anfangs wird Ihr Hund sich vielleicht kurz schütteln oder sogar protestieren, indem er bellt oder hochspringt, aber er wird schnell verstehen, dass der Lernspaß nach der Pause weitergeht.

Jedes Signal und jedes Verhalten, das der Hund lernt, erweitert seine Hirnaktivität: Es werden neue Neuronenverbindungen

Wenn man Spiel integriert, bekommt das Training eine neue Dimension. (Foto: Archiv Lismont)

Mit positiver Verstärkung lernen Hunde schnell und freudig. (Foto: Archiv Lismont)

geknüpft – der Hund lernt zu lernen. Ein einmal etabliertes Verhalten bleibt allerdings nicht von allein bestehen, sondern es muss durch Wiederholungen mit guten Belohnungen aufgefrischt werden. Trainieren Sie also auf dem Spaziergang und im Garten immer wieder in kleinen Einheiten. Sollten Sie dabei feststellen, dass Ihr Hund mehrmals hintereinander den gleichen Fehler macht, liegt das sehr wahrscheinlich daran, dass entweder die Lernumstände nicht passend sind oder der Stress- und/oder das Erregungslevel zu hoch sind. Achten Sie darauf, das Lernumfeld so zu gestalten, dass der Hund mit Ihnen kooperieren kann, und halten Sie Stress und Erregung gering. Kleine Schritte und Pausen

Das können Sie unternehmen:

- *Regelmäßige Mini-Übungseinheiten (etwa 5 bis 10 Minuten pro Tag)*
- *Leichte Anforderungen, attraktive Belohnung*
- *Erst einmal in reizarmer Umgebung üben, dann zielorientiert steigern*
- *Lernen mit Spiel und Spannung verknüpfen*
- *Anforderungen langsam steigern*
- *Kleine Schritte*
- *Viele Pausen*
- *Erregung und Stress gering halten*

sind der Schlüssel – bei allen Hunden, aber insbesondere bei Reset-Hunden.

ERSTE VERHALTENSWEISEN, DIE ERLERNT WERDEN SOLLTEN

Was ich gern mit Hunden ausarbeite, ist das Verhalten, das sie brauchen, um mit insgesamt weniger Körperanspannung und in geringerer Geschwindigkeit durchs Leben zu gehen. Dazu verstärke ich Verhaltensweisen wie: ruhiges Stehen (auf vier Füßen) und präsent sein, tiefe Kopfhaltung, Kontaktaufnahme, ruhige Bewegungen. Hierzu nutze ich gern die mobile Variante der „Stille in Kopf und Körper"-Übung. Auch Tellington TTouch® Bodenarbeit kann eine große Hilfe sein. Denken Sie daran, zur Auflockerung kurze Spieleinheiten einzubauen.

Einfach zu erlernende Verhaltensweisen, die sich im Alltag eines Reset-Hundes als praktisch erwiesen haben, sind außerdem:

- Blickkontakt (spontan eingefangen, aber auch auf Signal)
- Umorientierung
- Dem Menschen folgen
- Hand-Touch (zur körperlichen Kontaktaufnahme und um den Hund durch Situationen lotsen zu können)
- Gehen an lockerer Leine
- Umorientierung nach Zug auf der Leine
- Sitz
- Sitz und bleib
- Weiterlaufen oder Mitkommen
- Stopp
- Abrufen

12.
Alleinbleiben

Ob der Hund gut zurechtkommt, wenn er einige Zeit allein bleiben muss, ist manchmal gar nicht so eindeutig zu beantworten, wie man es annehmen möchte. Zum einen hängt dies stark von seinem Alter und seinen Erfahrungen ab und zum anderen spielen auch in dieser Hinsicht sein allgemeines Wohlbefinden, der Stressgrad und die Resilienz eine wesentliche Rolle. Hunden, die unsicher sind, Schmerzen haben oder sich aus anderen Gründen unwohl fühlen, fällt es nicht leicht, von ihrer Bezugsperson getrennt zu sein. Das Alleinbleiben wird als Stressor häufig unterschätzt, denn nicht immer zeigt der Hund durch Jaulen, Bellen, Zerstören von Einrichtungsgegenständen oder Verunreinigen des Hauses deutlich, dass ihm das Alleinbleiben schwerfällt. Es gibt zahlreiche subtilere Zeichen, die erkennen lassen, dass dem Hund das Alleinbleiben Stress bereitet. Womöglich beginnt er schon, sich aufzuregen, Ihnen im Weg zu liegen oder Ihnen zu folgen, wenn er ahnt, dass Sie das Haus verlassen werden, weil Sie beispielsweise den Schlüssel eingesteckt, Ihre Haare gerichtet oder Ihre Jacke angezogen haben oder schlicht und ergreifend, weil Sie um diese Tageszeit regelmäßig das Haus verlassen. Wenn Sie mit Ihrem Hund jedes Mal eine kleine Runde drehen oder ihn in den Garten lassen, bevor Sie weggehen, kann es sogar sein, dass er dieses Prozedere durch Trödeln verzögert, um die für ihn unangenehme Konsequenz (Alleinsein) zu vermeiden. Falls Ihr Hund Ihnen ohnehin immer auf Schritt und Tritt durchs Haus folgt, ist es ebenfalls wahrscheinlich, dass er permanent wissen möchte, ob und wann Sie das Haus (ohne ihn) verlassen. Generelle Unruhe und Rastlosigkeit können weitere Gründe hierfür sein, aber sehr häufig hat dieses Verhalten mit Trennungsangst zu tun.

Darüber hinaus gibt es einige Anzeichen, auf die Sie beim Nachhausekommen achten sollten. Wenn Ihr Hund vom Sofa oder seinem Liegeplatz zu Ihnen läuft, sich erst mal streckt und Sie dann mit entspanntem Körper begrüßt, können Sie davon ausgehen, dass er mit dem Alleinbleiben gut klarkommt und die Zeit zum Schlafen nutzt, was ideal ist. Eine fröhliche und etwas aufgeregte Begrüßung ist auch noch völlig in Ordnung. Falls Ihr Hund jedoch aus Wiedersehensfreude fast schon Purzelbäume schlägt, lauthals erregte Töne von sich gibt, die Begrüßung lange dauert oder Sie feststellen, dass er jedes Mal erst zum Wasser läuft, um zu trinken oder seinen „Abschiedssnack" erst bei Ihrer Rückkehr frisst, zeigt er damit, dass ihm das Alleinbleiben gehörige Probleme bereitet. Er hat die ganze Zeit so angespannt auf Sie gewartet, dass er weder sein Durstgefühl befriedigen konnte noch Appetit auf den Snack hatte. Das ist ein hoher Stressfaktor, den Sie sich als sehr große Kerze vorstellen können.

Der Punkt Alleinbleiben kommt in der DOGood Feelgood Matrix deshalb zum

Schluss, weil es, wie Sie sich nach der bisherigen Lektüre dieses Buches sicher bereits denken können, in der Regel sinnlos ist, ausschließlich daran zu trainieren. Erst wenn die anderen Punkte der Matrix erfüllt sind, haben Sie eine gute Grundlage zum Üben. Im Folgenden möchte ich einige hierbei nützliche Vorgehensweisen erläutern. Die Übungen, auf die ich mich beziehe, finden Sie alle im Kapitel „Übungen und Aktivitäten".

ALLEINBLEIBEN ÜBEN

Lange bevor es tatsächlich um das Alleinbleiben geht, sollten Sie mit dem Hund spielerisch üben, längere Zeit und entspannt eine ruhige Haltung einzunehmen. Hierfür eignen sich die später beschriebene Bleib-Übung (im Sitz und Platz) sowie das Deckentraining. Je öfter Sie üben, umso leichter werden diese Dinge Ihrem Hund fallen. Als weitere Vorbereitung auf das Alleinbleiben sollten Sie dafür sorgen, dass Ihr Hund mit seinem Liegeplatz etwas Angenehmes verbindet. Wie ein idealer Liegeplatz aussieht, haben Sie unter dem Punkt „Schlaf und Ruhe" bereits erfahren.

Falls Ihr Hund Ihnen auf Schritt und Tritt folgt, muss er zunächst lernen, kurzzeitig von Ihnen getrennt, aber nicht allein zu sein. Wenn Sie zum Beispiel eine Mahlzeit in der Küche vorbereiten, können Sie ihn auf seine Decke bitten, von der aus er die Küche im Blick hat, und in der Küchentür ein Trenngitter aufstellen. So macht er die Erfahrung, dass er zwar nicht zu Ihnen kann, aber dennoch nicht allein ist. Es gibt auch Gitter, mit denen man einen kleinen „Laufstall" bauen kann. Diese eignen sich ebenfalls gut, um Trennung mit Ruhe zu verknüpfen.

Wie bereits erwähnt, spielt das, was vor dem Alleinbleiben geschieht, eine wichtige Rolle. Gestalten Sie Aktivitäten, die direkt vor Ihrem Weggehen stattfinden, so, dass der Hund anschließend nicht mit einem hohen Erregungsniveau zurückgelassen wird. Körperliche Spiele oder Aktivitäten wären kontraproduktiv. Machen Sie lieber ruhige Suchübungen. Falls Sie vorher eine Gassirunde drehen, sollte diese keine aufregenden Situationen beinhalten. Wählen Sie eine ruhige Strecke. Es ist außerdem günstig, das Weggehen zu ritualisieren, damit es für den Hund berechenbar wird. Wenn Sie jedes Mal das gleiche Abschiedswort sagen, muss er nicht mehr rätseln, ob Sie nun das Haus verlassen oder nicht. Gerade Reset-Hunde brauchen Berechenbarkeit. Teil des Rituals kann auch sein, dass Sie Ihrem Hund zum Abschied eine Kaustange, einige Leckerchen oder auch eine LickiMat® oder einen Schnüffelteppich geben. Den Umgang mit der Schleckmatte oder dem Teppich sollte er dann allerdings bereits kennen, damit er weiß, was zu tun ist. Außerdem ist es ratsam, dass Sie ihm diese Dinge immer wieder mal anbieten, wenn Sie nicht aus dem Haus gehen, damit er sie nicht nur mit dem Alleinbleiben verknüpft.

Wenn Sie die ersten Male tatsächlich weggehen, beginnen Sie mit kurzen Zeiteinheiten: zuerst 5 Minuten, dann 10 Minuten, dann eine Viertelstunde. Führen Sie dabei bereits typische Handlungen ein, allerdings nicht alle auf einmal: Nehmen Sie beispielsweise zunächst nur den Schlüssel oder ziehen Sie nur die Jacke an und machen Sie erst in einem nächsten Schritt beides. Als Nächstes kommt das Abschiedswort hinzu und später die weiteren Teile des Rituals, die Sie sich überlegt haben, wie Leckerchen oder Schnüffelteppich.

Es kann günstig sein, für den Hund einen Raum einzurichten, in dem er die Zeit allein verbringt. Sie müssen dafür kein großes Zimmer wählen, aber größer als eine Besenkammer sollte es schon sein. Der Raum sollte zudem Fenster oder eine Glastür haben, damit der Hund darin nicht von allem abgeschottet ist. Unser Eden hat gelernt, in der Eingangsschleuse auf uns zu warten. Von dort aus kann er hinausschauen und er sieht auch den größten Teil der Wohnung, es ist warm, er hat hier ein weiches Kissen, darüber hängen unsere Jacken, die unseren Geruch abgeben. Ein Badezimmer wäre meiner Meinung nach hingegen zu abgeschottet. Hier gibt es meistens weder Aussicht nach draußen noch nach drinnen. Das würde den Hund zu stark einengen.

Selbstverständlich gibt es eine Menge Hilfsmittel, die einen Hund beim Alleinbleiben zusätzlich unterstützen können. Allerdings ist darunter kein Wundermittel, das den ganzheitlichen Ansatz oder den kleinschrittigen Aufbau ersetzen könnte. Ich verwende zum Beispiel gern eine individuell auf den Hund abgestimmte Bachblüten-Mischung*. Auch Aromatherapie kann hilfreich sein. Verknüpfen Sie hierzu vorbereitend einen bestimmten Duftstoff gezielt mit Ruhe und Entspannung. Alternativ können Sie es mit einem aromatherapeutischen Mittel probieren, das von sich aus eine beruhigende Wirkung hat. Lassen Sie sich von einem kundigen Therapeuten beraten. Ich habe hervorragende Erfahrungen mit dem Mittel „Pet Remedy" gemacht. Das Körperband aus der Tellington TTouch® Methode kann bei Trennungsstress ebenfalls zur Entspannung beitragen. Es muss jedoch richtig angewendet werden, nämlich indem Sie es dem Hund in Ihrem Beisein tagsüber mehrmals für kurze Zeit anlegen. Lassen Sie Ihren Hund bitte niemals mit einem Körperband allein. Er kann sich verheddern und verletzten oder es anfressen, was schlimmstenfalls lebensgefährlich wird. Entspannende, sanfte

Entspanntes Alleinbleiben muss geübt werden. (Foto: Archiv Lismont)

Musik ist eine weitere Möglichkeit zur Unterstützung. Wie bei den Düften können Sie vorbereitend klassische Musik oder Meditationsmusik in ohnehin ruhigen Momenten abspielen, um sie mit Entspannung zu verknüpfen und später beim Alleinbleiben einzusetzen. Außerdem gibt es speziell entwickelte Produkte wie die Musik von Braindog, die durch eine Stimulation der Gehirnwellen Entspannung auslöst, oder das kluge RelaxoPet System, das mithilfe von speziellen Klangwellen beruhigend wirkt. Der Vorteil von Musik ist, dass der Hund beim Alleinbleiben weniger auf Außengeräusche reagiert, weil diese etwas in den Hintergrund geraten.

DIE BOX ALS HILFSMITTEL FÜRS ALLEINBLEIBEN?

Die Box kann in manchen Situationen tatsächlich sehr nützlich sein, es gibt jedoch einen Grund, warum ich sie nicht generell empfehle, sondern gesondert erläutern möchte: Die Nutzung erscheint so einfach und praktisch, dass es dazu verleitet, sie als Dauerlösung einzusetzen. Dabei wird vergessen, dass die Box den Hund räumlich extrem einschränkt. Dieses Eingesperrtsein kann ein starkes Gefühl von Hilflosigkeit auslösen, was ohnehin schon zu vermeiden ist, aber insbesondere für gestresste Reset-Hunde ausgesprochen kontraproduktiv wäre.

Eine Box bietet die Möglichkeit, den Hund an die täglichen Aktivitäten in seinem häuslichen Umfeld zu gewöhnen, ohne dass er selbst interagieren muss. Hunde, die von sich aus keine Ruhe finden, können mit der Box lernen, sich hinzulegen und sich zu erholen. Hunde, die Schwierigkeiten mit fremden Personen haben, können beim Besuch in der Box gesichert werden. Auf diese Weise sind sie trotzdem dabei und müssen nicht in einen anderen Raum gesperrt werden. Und schließlich kann die Box verwendet werden, um einen Hund, der allein im Haus destruktives Verhalten zeigt und sich selbst oder andere Haustiere womöglich gefährdet, im Rahmen des Trainings kurzfristig zu sichern. Die Box bietet also einige Vorteile und ist ein gutes Trainingshilfsmittel, sie ist aber keinesfalls die Lösung für alles und sie sollte selbstverständlich keine Dauerlösung werden.

Voraussetzung für die Nutzung der Box ist, dass sie ohne Druck aufgebaut wird und der Hund sich darin wohlfühlt. Anfangs sollte sie an einem angenehmen, aber ruhigen Platz im Raum stehen. Die Tür ist offen, es liegt ein weiches Kissen darin, und ab und zu findet der Hund etwas Spannendes zum Fressen oder zum Spielen in der Box. Die Box selbst muss groß genug sein, dass der Hund darin sitzen, stehen, sich umlegen und sich umdrehen kann. Schieben Sie den Hund niemals in die Box und zerren Sie ihn auch nicht raus. Wenn in der Box immer wieder Futterstückchen liegen, wird er irgendwann von sich aus regelmäßig checken, ob etwas zu finden ist. Bis es so weit ist, können mehrere Tage oder sogar einige Wochen vergehen. Sollte die Strategie keinen Erfolg bringen, lohnt es sich, den Ort zu verändern, an dem die Box steht, und ihre Gestaltung zu überprüfen. Wenn dies keinen Erfolg hat, sollte man eventuell den Ort oder die Gestaltung der Box noch mal überprüfen. Sie können zum Beispiel ausprobieren, ob der

Hund die Box attraktiver findet, wenn sie etwas abgedunkelt oder abgehängt ist.

Wenn Ihr Hund öfter von allein in die Box geht und sich darin offensichtlich wohlfühlt, können Sie zur Box gehen, sagen, dass er dort bleiben soll, die Tür schließen und ihm etwas zum Kauen geben. Sobald er dies gefressen hat, öffnen Sie die Box wieder und reichen ihm ein weiteres Leckerchen in der Box, damit er diese nicht sofort nach dem Öffnen wieder verlässt. Ziel ist, dass er entspannt bleibt, wenn die Tür geschlossen wird, und auch, wenn sie wieder geöffnet wird. Die Übergänge sind hier besonders wichtig: Versuchen Sie, sowohl das Schließen als auch das Öffnen der Tür mit etwas Gutem zu verknüpfen. Entfernen Sie sich nach dem Schließen der Tür auch nicht schnell von der Box, sondern bleiben Sie eine Weile stehen, sprechen Sie freundlich mit Ihrem Hund und geben Sie ihm noch etwas Futter, sofern er es nimmt. Fremde Personen oder Personen, mit denen Ihr Hund im Haus Probleme hat, sollten sich der Box selbstverständlich nicht nähern und den Hund darin keinesfalls ansprechen oder anfassen. Die Box muss sein sicherer Rückzugsort sein.

Nun haben wir die zwölf Bereiche der DOGood Feelgood Matrix eingehend betrachtet. Die Arbeit mit den Punkten der Matrix ist für mich der kürzeste und der hundefreundlichste Weg zu einer nachhaltigen Verhaltensveränderung, egal wie kompliziert und wie „groß" das Verhalten ist. Ich hoffe, Ihnen hiermit einen gangbaren Weg eröffnet zu haben, denn nichts ist frustrierender, teurer und nervenaufreibender, als mit einem Hund an Themen oder Verhaltensweisen zu trainieren, der dazu nicht in der Lage ist.

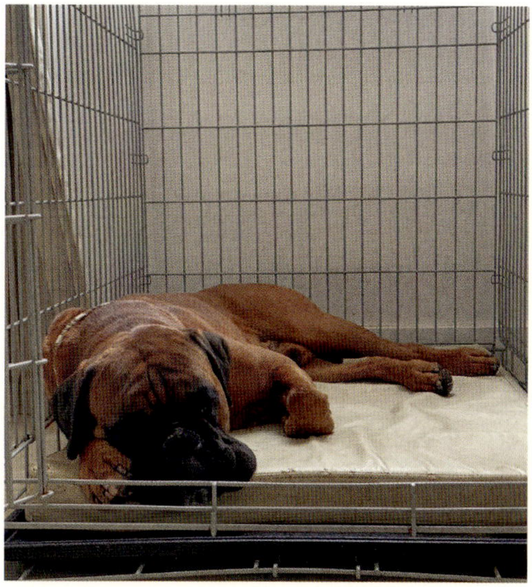

Wenn das Verweilen in der Box gut geübt wurde und im angemessenen Maß eingesetzt wird, kann das im Alltag vorübergehend hilfreich sein.
(Foto: Archiv Lismont)

Das können Sie unternehmen:

- *Deckentraining*
- *Bleib-Übungen*
- *Im Vorfeld ruhige, entspannende Spaziergänge oder Suchspiele*
- *Aufregung vor dem Alleinbleiben vermeiden*
- *Abschiedsrituale*
- *Entspannende Musik, Aromatherapie, Bachblüten**
- *Tellington TTouch® Körperband*

(Foto: Archiv Lismont)

ÜBUNGEN UND AKTIVITÄTEN

In diesem Kapitel beschreibe ich Übungen, die Sie mit Ihrem Reset-Hund machen können, sowie geeignete Beschäftigungsmöglichkeiten. Die Übungen kommen Ihnen möglicherweise sehr leicht vor, aber genau das ist gewollt. Alles ist einfach gehalten, denn Schwieriges wäre jetzt kontraproduktiv. Es geht darum, eine solide Grundlage aufzubauen, damit Ihr Hund immer mehr Interesse an Kooperation mit Ihnen bekommt und sein Lernvermögen zunehmend besser wird. Das wiederum versetzt ihn in die Lage, bewusste Entscheidungen zu treffen, statt jedes Mal sofort den reaktiven körperlichen Weg zu nehmen. Sie schaffen darüber hinaus eine Basis für einfache und effektive Kommunikation mit Ihrem Hund. Und nicht zuletzt werden Sie selbst lernen, kleine Fortschritte wahrzunehmen und diese zu feiern. Bald schon werden Sie Ihren Hund mit neuen Augen betrachten und erheblich besser verstehen.

Ich beschreibe die Übungen in der Reihenfolge, in der sie im Zuge eines Reset am sinnvollsten sind. Diese Reihenfolge ist jedoch nicht in Stein gemeißelt. Sie können gern ein wenig nach Ihrem Gefühl gehen und selbst ausprobieren, was mit Ihrem Hund machbar und hilfreich ist und was nicht.

Blickkontakt, Aufmerksamkeit

Das Aufnehmen von Blickkontakt oder auch nur ein Blick in Richtung der Bezugsperson ist ein sehr einfaches Verhalten. Wenn es sorgfältig geübt wurde, kostet die Ausführung den Hund weder viel Gehirnschmalz noch großen Körpereinsatz. Er muss nicht herkommen und sich auch nicht hinsetzen. Es ist egal, wo und in welcher Position er sich befindet. Blickkontakt ist ein kleines, „günstiges“ Verhalten. Wenn ein Hund gelernt hat, Blickkontakt mit seinem Menschen aufzunehmen, und dies dann auch tut, ist es kein Zufall, sondern ein kognitives Verhalten. Er hat sich aktiv dazu entschlossen, was bedeutet, dass er sich in dem Moment nicht komplett im reaktiven Gehirn verloren hat. Das ist der Grund, warum ich spontan angebotenen Blickkontakt häufig einfange und verstärke. Eine einfachere Übung gibt es

Positive Verstärkung mit einem Markersignal

Ich beschreibe den Einsatz eines Markersignals hier kurz und knackig für das Training mit einem Reset-Hund. (Wenn Sie mehr über diese Art des Trainings wissen möchten, empfehle ich Ihnen das im Cadmos Verlag erschienene Buch „Clickertraining" von Monika Gutmann oder das im Kynos Verlag erschienene Buch „Verstärker verstehen" von Viviane Theby.) Das Markersignal ist eine Brücke zwischen dem Verhalten des Hundes, das Sie häufiger sehen und verstärken möchten, und der tatsächlichen Belohnung. Dies hat den Vorteil, dass Sie mit leeren Händen trainieren können und er seine Entscheidung mitzuarbeiten nicht davon abhängig machen kann, ob Sie eine Belohnung in der Hand halten oder nicht. Der Anblick der Belohnung würde ihn stark ablenken und verhindern, dass er die Initiative ergreift. Wir wollen jedoch erreichen, dass er das gewünschte Verhalten von sich aus zeigt. Tut er das, bekommt er das Markersignal zu hören (zum Beispiel das Wort „Click", „Yes", „Top"). Dieses Markersignal ist unweigerlich verknüpft mit einer Belohnung (zum Beispiel Leckerchen oder ein Spielzeug), die das Verhalten verstärkt. Das Markersignal wird zwischengeschaltet. Es markiert das gute Verhalten und kündigt die Belohnung an. Der Aufbau des Markers geht sehr schnell: Gehen Sie mit Ihrem Hund an einen ablenkungsfreien Ort und halten Sie in einer Futtertasche oder einem Schälchen Leckerchen bereit, die er sehr gern mag. Lassen Sie nun das Markersignal ertönen oder sagen Sie Ihr Markerwort und geben Sie Ihrem Hund sofort im Anschluss ein Leckerchen. Er muss dafür nichts tun. Wichtig ist, dass Sie die Hände die ganze Zeit über neutral neben dem Körper halten und erst nach dem Aussprechen des Markersignals zum Futter greifen. Wiederholen Sie den beschriebenen Vorgang vier- bis fünfmal und warten Sie dann vor der nächsten Wiederholung, bis Ihr Hund kurz den Kopf von Ihnen abwendet. Dann geben Sie das Markersignal, und wenn Ihr Hund daraufhin den Kopf in Ihre Richtung wendet, reichen Sie ihm die Belohnung.

Belohnend ist, was Ihren Hund motiviert. (Foto: Archiv Lismont)

Nun wissen Sie, dass das Signal für ihn eine Bedeutung erhalten hat. Wiederholen Sie den Ablauf noch einige Male, um sicherzustellen, dass das Markersignal solide konditioniert ist.

Beim Training mit dem Markersignal werden Sie feststellen, dass der Hund ziemlich schnell versteht, was Sie von ihm wollen. Er wird Ihnen das gewünschte Verhalten bald häufiger zeigen und anschließend auf das Markersignal und die Belohnung warten. Das ist gut so, denn Training besteht aus Wiederholungen – diese sorgen dafür, dass ein Verhalten ausgeprägt und prompt gezeigt wird.

Mit dem Markersignal können Sie spontan angebotenes Verhalten einfangen und verstärken, beispielsweise Blickkontakt, den Ihr Hund von sich aus zu Ihnen aufnimmt. Sie können damit bei Ihrem Hund aber auch ein Verhalten verstärken, das Sie herbeigeführt haben und unter Signal stellen möchten, wie zum Beispiel „Sitz".

Auch mit erregten, ängstlichen oder überempfindlichen Hunden, die ich eher entschleunigen statt anregen möchte, trainiere ich selbstverständlich mit positiver Verstärkung. Das bedeutet jedoch nicht, dass ich bei allen Übungen konsequent das Markersignal einsetze. Das werden Sie beim Lesen der Übungsanleitungen feststellen. Falls Sie sich fragen, warum: Mit dem Markersignal werden die Hunde in der Regel sehr bald in einen regelrechten Trainingsmodus versetzt. Das heißt, sie sind angeregt und bereit, Verhalten anzubieten, um das Markersignal zu erhalten und sich eine Belohnung zu verdienen. Bei manchen Übungen möchte ich den Hund aber für etwas, das er gerade angeboten hat, nur kurz bestätigen, ihn jedoch nicht anregen und auch nicht in den Trainingsmodus versetzen. In dem Fall lege ich zeitnah und ohne weitere Signale ein Futterstückchen auf den Boden oder lasse es den Hund aus meiner Hand nehmen. Das geschieht prompt nach dem erwünschten Verhalten, wobei die Belohnungsgeste langsam und fließend ist.

Sie benötigen für das Markertraining viele kleine Belohnungshappen, die dem Hund wirklich gut schmecken und die er verträgt. Idealerweise ist es etwas, das Ihr Hund für sein Leben gern frisst. Auch das Lieblingsspielzeug eignet sich als Belohnung. Eine wesentliche Rolle spielt außerdem, wie die Belohnung verabreicht wird. Ruhiges Verhalten sollte ruhig belohnt werden und gern so, dass der Hund dabei eine tiefe Kopfhaltung einnimmt. Für Aufmerksamkeit belohne ich direkt in meiner Nähe und für ein gewünschtes aktives und angeregtes Verhalten kann auch mal aktiv belohnt werden. Letzteres brauchen wir bei Reset-Hunden anfangs eher nicht.

nicht. Man muss es nur konsequent tun. Mit dieser Übung legen Sie die Basis für den Freilauf, denn durch sie wird automatisch der Bewegungsradius Ihres Hundes kleiner und er wird lernen, Ihnen erheblich mehr Aufmerksamkeit zu schenken, weil sich das für ihn lohnt. Daran, ob ein Hund gerade in der Lage ist, Blickkontakt aufzunehmen, sehe ich auch, wie ansprechbar er ist. Wenn ich feststelle, dass ein Hund seiner Bezugsperson keine Aufmerksamkeit schenkt, würde ich niemals empfehlen, in abzuleinen, obwohl regelmäßiger Freilauf in meinen Augen einen hohen Stellenwert hat.

Aufmerksamkeit ist die Basis für eine gute Kooperation. (Foto: Archiv Lismont)

So geht's

Beginnen Sie damit, spontane Blicke in Ihre Richtung zu markern (mit einem Markersignal zu bestätigen) und dafür eine Belohnung anzubieten. Die Belohnung geben Sie unbedingt direkt in Ihrer Nähe, damit der Hund im gleichen Zug lernt, zu Ihnen hinzulaufen. Wenn Ihr Hund ungern Futter aus Ihrer Hand nimmt, legen Sie es nach dem Markersignal vor Ihren Füßen auf den Boden und machen einen Schritt zurück. Damit erleichtern Sie es ihm, zu Ihnen zu kommen. Sollte es Ihrem Hund zunächst schwerfallen, seinen Blick tatsächlich auf Ihr Gesicht zu richten, ist das erst mal kein Problem. Fangen Sie mit Ihrem Markersignal dann einfach die Momente ein, in denen er in Ihre Richtung schaut. Auch das ist bereits eine Kontaktaufnahme.

Es kann sein, dass sich diese Übung zu Anfang zäh gestaltet. Werden Sie bitte nicht ungeduldig. Verhalten Sie sich still und atmen Sie tief durch. Falls Ihr Hund auch darauf nicht reagiert, verändern Sie Ihre Körperausrichtung, Ihre Körperhaltung oder verlagern Sie Ihren Körperschwerpunkt. Sie können ausnahmsweise auch mal laut ausatmen, mit dem Fuß über den Boden streifen oder sich räuspern. Gehen Sie mit solchen kleinen Hilfen jedoch sparsam um, denn Ihr Hund soll nicht lernen, auf diese Art von Signalen zu warten, bevor er sich mit Ihnen in Verbindung setzt. Er soll es letztendlich von sich aus tun.

Umorientierungssignal

Wenn Ihrem Hund das Aufnehmen von Blickkontakt leichtfällt und er Sie häufig aus eigenem Antrieb anschaut, können Sie dies unter Signal setzen. Auf diese Weise lässt sich das für den Hund unkomplizierte Verhalten nutzen, um ihn dazu zu veranlassen, sich zu Ihnen umzuorientieren, wenn er sich einmal etwas zu sehr in der Umgebung „verliert", Sie ein anderes Verhalten unterbrechen möchten oder es Ihnen aus einem anderen Grund sinnvoll erscheint, dass er mit der Aufmerksamkeit bei Ihnen ist. Sie könnten hierfür einen Laut wie einen Schnalzer oder einen Kusslaut verwenden oder auch einfach ein Wortsignal wie: „Guck mal", oder: „Schau." Dieses Umorientierungssignal ist ein einfaches, aber wichtiges Kommunikationsmittel. Ich persönlich nutze es auch gern, um zu checken, ob ein Hund gerade ansprechbar ist. Sollte Ihr Hund nicht mehr darauf reagieren können, ist das ein Zeichen, dass das Stresslevel und die Erregung zu hoch sind. Dann müssen Sie an der Lage etwas verändern: Entweder Sie bewegen sich gemeinsam mit Ihrem Hund weg von einem vorhandenen Auslöser oder Sie treten in das Blickfeld Ihres Hundes (ohne ihn zu bedrängen). Stellen Sie sicher, bevor Sie die Übung wiederholen, dass sich das Erregungslevel wieder reduziert hat.

So geht's

Als Voraussetzung sollten Sie sicher sein, dass Ihr Hund Sie von sich aus öfter anschaut und dass Sie dies bereits jedes Mal belohnt haben. Nun positionieren Sie sich in seiner Nähe, aber hinter ihm, sodass er den Kopf drehen muss, um Sie anzuschauen. Dadurch wird er leichter lernen, das Kopfdrehen weg von etwas Spannendem und hin zu Ihnen auszuführen. Geben Sie nun das von Ihnen gewählte Umorientierungssignal in normaler Lautstärke. Wenn Ihr Hund Sie jetzt anschaut, markern Sie den Moment, in dem er den Kopf dreht, machen dann einen Schritt nach hinten und halten dort die Belohnung bereit, damit Ihr Hund sie sich abholen kann. Anschließend stellen Sie sich wieder hinter Ihrem Hund auf und wiederholen das Prozedere.

Sollte dieser Schritt für Ihren Hund noch zu schwierig sein, weil er sich nicht nach Ihnen umdrehen kann, dann legen Sie die Latte etwas tiefer: Stellen Sie sich vor Ihrem Hund auf, sagen Sie Ihr gewähltes Umorientierungssignal und reichen Sie Ihrem Hund direkt im Anschluss eine Belohnung. So verknüpfen Sie das neue Signal mit einer angenehmen Konsequenz. Wenn Sie das fünf- bis zehnmal machen, wird das Signal für ihn eine Bedeutung erlangt haben. Nun können Sie mit dem zuvor beschriebenen Schritt fortfahren.

Stille in Kopf und Körper

Diese Übung ist wahrscheinlich die wichtigste in diesem Buch. Für stark erregte Hunde, die wegen zahlreicher Reize und Ablenkungen oder schlicht durch die Dauer des Spaziergangs oder des Aufenthalts draußen überfordert sind, brauchen wir ein Mittel, um das Erregungslevel wieder zu senken. Diese

Übung hilft dem Hund, ansprechbarer zu werden, sich zu fokussieren und seine Umgebung ruhiger wahrzunehmen. Sie bringt also im Wortsinn Stille in den Kopf und den Körper. Immer wenn Sie das Gefühl haben, dass zwischen beiden Enden der Leine kein Dialog mehr stattfindet, Sie nur noch reagieren, aber nicht mehr agieren, Ihr Hund das Tempo vorgibt oder Sie und Ihr Hund nicht mehr gemeinsam unterwegs sind, sondern jeder für sich, ist diese Übung das Mittel der Wahl. Bei sehr aufgeregten Hunden ist es sogar empfehlenswert, zunächst nur kurze Strecken zu wählen und auf diesen häufig Pausen mit der Stille-Übung zu machen. So lernt Ihr Hund, seine Umgebung wahrzunehmen, ohne darauf zu reagieren. Nach und nach können Sie einige der Pausen überspringen, sodass die Strecken, die Sie in Ruhe bewältigen, immer länger werden. Sie werden feststellen, dass die Leinenführigkeit besser wird, das hektische Schnüffeln oder Scannen sich reduziert und der Hund besser in der Lage ist, mit Ihnen zu kommunizieren. Würden Sie hingegen bei hoher Erregung immer weitergehen, während Ihr Hund an der Leine zieht, würden Sie nicht nur das Ziehen, sondern auch die gesamte Anspannung in Kopf und Körper verstärken. Das lässt sich mit dieser Übung vermeiden. Die Übung ist denkbar leicht und kann zunächst auch im eigenen Garten ausgeführt werden. Wichtig ist dabei immer ein gutes Gespür für die geeignete Dauer und die Reduktion der Erregung.

Die Übung „Stille in Kopf und Körper" hilft, das Erregungsniveau zu reduzieren. (Foto: Archiv Lismont)

Ich achte bei dieser Übung auf eine ausgeglichene Haltung (auf vier Beinen stehend) und kombiniere diese mit Aufmerksamkeit, Schnüffeln auf dem Boden, um Futterstückchen zu finden, und dem ruhigen Checken der Umgebung. Das Futter wird hierfür in langsamen Bewegungen einzeln auf den Boden deponiert. Das Wechselspiel zwischen Hochschauen und Auf-dem-Boden-Schnüffeln setzt einen flexiblen Hals voraus beziehungsweise es hilft dem Hund, seinen Hals beweglich zu halten. Dennoch kann er während des „mentalen Pendelns" zwischen dem Boden und seinem Menschen noch die Umgebung wahrnehmen und einschätzen. Der Vorteil ist, dass er sich nun nicht mehr mit hochgerecktem Kopf und starrem Hals in der Umgebung „verliert". So wird er sich nicht mehr von allen möglichen Reizen überfordert fühlen und es kann mehr Stille in seinen Kopf und Körper einkehren.

Es ist möglich, dass Ihr Hund immer wieder kurze flüchtige Blicke irgendwohin wirft und dann weitermacht. Geben Sie ihm die Zeit dafür, denn jetzt verarbeitet er die Reize im Umfeld auf beherrschte Art und Weise, wodurch er sich immer besser damit anfreunden kann. Es ist ein guter Weg, die Erregung zu reduzieren, um anschließend ruhiger weitergehen zu können.

So geht's

Atmen Sie hörbar tief ein und aus, um diese Übung einzuleiten. Dies kann dann im Lauf der Zeit zu einer Ankündigung des Ruhemoments werden. Außerdem bringt es auch Ruhe und Entspannung in den eigenen Körper.

Warten Sie nun kurz, ob Ihr Hund Ihnen einen Blick zuwirft. Sollte dies Ihrem Hund gerade schwerfallen, geben Sie ihm zunächst einige subtile Hinweise: Ein- und Ausatmen oder Räuspern könnte helfen. Oder Sie bewegen Ihren Körper ein Stück weg von Ihrem Hund, drehen sich etwas weg und ziehen Ihren Fuß über den Boden. Wenn dies alles nicht hilft, sagen Sie leise seinen Namen oder sein Umorientierungssignal. Werden Sie nicht ungeduldig. Er braucht Zeit, denn sein Kopf versucht gerade, alle Sinnesreize zu verarbeiten, und sein Körper ist angespannt. Stellen Sie sich eine PC-Oberfläche vor, in der viele Tabs geöffnet sind. Durch diese Übung schließen sich die Tabs nach und nach und der Kopf wird frei und ist wieder in der Lage, zu funktionieren.

Anfangs ist es egal, ob er Ihre Futterhand anschaut oder nur grob in Ihre Richtung blickt. Sagen Sie daraufhin ein ruhiges Lobwort (kein Markerwort, denn Sie wollen den Hund nicht „aktivieren") und legen Sie dann mit einer langsamen Bewegung ein oder zwei Futterbröckchen vor Ihren Füßen auf den Boden. Werfen sollten Sie das Futter in diesem Fall nicht.

Warten Sie in Ruhe, bis Ihr Hund das Futter gefunden und gefressen hat. Halten Sie dabei Ihre Hand neutral neben dem Körper, nicht etwa am Futterbeutel. Warten Sie nun weiter, bis Ihr Hund erneut Blickkontakt zu Ihnen aufnimmt. Es ist in Ordnung, wenn er sich vorher noch etwas umschaut. Sollte es zu lange dauern, bis Ihr Hund Ihnen einen Blick zuwirft, können Sie noch mal durchatmen, sich kurz räuspern oder sich ein Stück bewegen, um seine Aufmerksamkeit zu erregen. Manchmal genügt bereits eine Gewichtsverlagerung oder eine geringfügige Körperdrehung, damit er wieder in Ihre Richtung schaut. Tut er das, legen Sie erneut wenige Leckerchen auf den Boden. Es geht hier nicht nur um das Schnüffeln und Fressen, sondern auch um die wiederholte bewusste Kontaktaufnahme, die den Hund wieder zu bewusstem Handeln befähigt und dafür sorgt, dass er sich beruhigt. Wir möchten ihn damit auch nicht von der Umgebung ablenken, sondern nur in der Umgebung zur Ruhe bringen.

Wiederholen Sie diese Sequenz mehrfach. Nach und nach sollten Sie einen deutlicheren Blickkontakt erhalten und das Gefühl bekommen, dass nicht unmittelbar Zug auf der Leine entstehen wird, wenn Sie jetzt weitergehen. Dann lösen Sie diese Situation auf und geben Ihrem Hund ein Signal dafür, etwa „Okay", „Weiter" oder „Auf geht's". Achtung: Erwarten Sie während dieser Übung von Ihrem Hund kein Vorsitzen oder Dauerstarren. Eine kurze Kontaktaufnahme genügt. Im Idealfall schaut er dabei zu Ihrem Gesicht und nicht auf Ihre Futterhand.

Bevor Sie weitergehen, sollte der Hund in der Lage sein, ruhig auf seinen vier Füßen zu stehen und Sie aufmerksam anzuschauen, ohne dabei zu betteln. Er sollte deutlich entspannter sein. Dann können Sie die Übung auflösen.

Es ist in dieser Phase wichtiger, dass Ihr Hund in möglichst vielen Momenten Ruhe im Kopf hat, als dass Sie eine lange Strecke zurücklegen. So gelingt es, dass er mit dem Aufenthalt draußen zunehmend einen ruhigen und präsenten Geisteszustand verknüpft.

Stille in Kopf und Körper – mit Bewegung

Eine Variante der Stille-Übung nutze ich gern, wenn es darum geht, den Hund zu langsamer und überlegter Bewegung zu veranlassen, bei der er sich immer wieder für seine Person interessieren und auf Sie zugehen kann. Viele Hunde, die weder im Kopf noch im Körper Ruhe finden, sind ständig in Bewegung und dabei schnell, planlos und unaufmerksam unterwegs. Für diese und auch für manche andere Hunde ist es oft einfacher, Ruhe zu finden, wenn sie etwas in Bewegung bleiben, statt stillzustehen. Deshalb können Sie diese Übung entweder vor der statischen Version oder im Wechsel mit dieser durchführen. Beide Übungen sehen einfacher aus, als sie es sind, insbesondere für den Hund. Der Mensch braucht lediglich etwas Geduld und die Fähigkeit, selbst innezuhalten und bewusst wenig einzuwirken. Der Hund muss sich von seiner gewohnheitsmäßigen Überaktivität loslösen und mehr in seinem Körper ankommen. Das

Die Stille-im-Kopf-Übung kann auch mit Bewegung ausgeführt werden. (Foto: Archiv Lismont)

kann schwierig sein. Ich empfehle daher, die im Folgenden beschriebene Übung in kleinen Schritten und einzelnen Abschnitten aufzubauen. Am Ende kommt eine Art langsame Freifolge-Übung dabei heraus. Die Übung kann jedoch ebenso an der Leine durchgeführt werden.

So geht's

Starten Sie wie bei der statischen Version der Übung. Wenn Sie sich in einem eingezäunten Areal befinden – der eigene Garten eignet sich hervorragend –, können Sie diese Übung prima ohne Leine durchführen. Atmen Sie einmal hörbar tief ein und aus und warten Sie auf eine Kopfdrehung in Ihre Richtung. Anfangs ist kein echter Blickkontakt erforderlich, Sie sollten aber sicher sein, dass Ihr Hund bewusst in Ihre Richtung schaut. Daraufhin sagen Sie leise und ruhig ein Lobwort (nicht Ihr Markersignal), legen ein Futterstückchen dahin, wo Sie gerade stehen, und gehen dann sehr langsam einige Schritte weg, ungefähr 4 bis 6 Meter. In dieser Entfernung warten Sie darauf, dass Ihr Hund das Futterstückchen sucht und frisst. Wenn das Futter ihm geschmeckt und ihn motiviert hat, wird er Sie anschließend erneut anschauen, woraufhin Sie die Übung wiederholen. Wie lang die Strecke, die jeweils zwischen Ihnen und Ihrem Hund liegt, genau ist, sollten Sie auf seine Bedürfnisse abstimmen. Wenn er viel Distanz braucht, wählen Sie eine etwas größere Entfernung. Bedenken Sie aber, dass die Kontaktaufnahme und das Auf-Sie-zu-Laufen bei einem größeren Abstand mehr Aufwand für Ihren Hund bedeutet. Achten Sie bei der gesamten Übung auf langsame und fließende Bewegungen und darauf, dass alles leise ist. Geben Sie bitte nicht auf, wenn es anfangs etwas länger dauert, bis Ihr Hund sich mit Ihnen in Verbindung setzt. Falls er sich gar nicht auf diese subtile Art der Interaktion einlassen kann, suchen Sie ein kleineres Areal aus, probieren es mit einer anderen Belohnung, verkleinern die Abstände oder legen eine lange Leine von 5 bis 8 Metern an.

Diese Übung ist in der ersten Ruhephase des Reset sehr nützlich. Halten Sie die Einheiten kurz, nicht länger als 5 Minuten, und legen Sie dann zumindest eine Pause ein, bevor Sie die Sequenz für einige Minuten wiederholen, oder beenden Sie die Übung komplett. Sie ist ein gutes Mittel, um einem Hund beizubringen, sich langsam und überlegt zu bewegen und mit Ihnen in Interaktion zu treten.

Stille in Kopf und Körper – im Parcours

Diese Variante baut auf den zuvor beschriebenen Abläufen auf. Machen Sie sie in einem umzäunten Areal, denn der Hund sollte dabei frei sein. Die Durchführung dieser Übung in einem Bodenarbeitsparcours hat den Vorteil, dass der Hund nun seine Aufmerksamkeit auf Sie richtet, aber auch mit Nase und Gehirn damit beschäftigt ist, Futter zu finden, während er sich langsam durch die Figuren bewegt und dabei seinen Körper einsetzt. Vielen Reset-Hunden bereitet es Schwierigkeiten, einen einfachen Bodenar-

Für die Hunde, die durch Bodenarbeit noch überfordert sind, ist diese Übung ein hervorragender Einstieg. (Foto: Archiv Lismont)

beitsparcours zu absolvieren. Die sehr niedrigen, am Boden liegenden Hindernisse, die Kurven und die Engstellen zwischen manchen Objekten sind ihnen nicht geheuer. Manch ein Hund blockiert in dieser Situation komplett oder rastet sogar aus, was nach meiner Erfahrung ein deutliches Zeichen dafür ist, dass er kein oder zumindest ein mangelhaftes Körpergefühl hat. Der Grund hierfür können Schmerzen, angewöhnte Schonhaltungen oder Verspannungen im Körper sein. Das Laufen durch Figuren, während er an der Leine neben seinem Menschen recht eingeschränkt ist, stellt für einen solchen Hund eine Überforderung dar. Mit dieser Variante der Stille-Übung nehmen wir eine Schwierigkeit heraus, indem wir das Ganze im Freilauf machen. Dennoch ist die Übung für den Hund anspruchsvoll. Gestalten Sie daher die Anforderungen überlegt und auf den Hund abgestimmt, damit sie den gewünschten Effekt hat. So kann sie ein echter Gamechanger sein: Sie wird Ihren Hund mutiger machen, er wird mehr Interesse an der Interaktion mit Ihnen entwickeln und es wird ein Dialog entstehen. Als positiven Nebeneffekt bekommt der Hund ein besseres Körpergefühl und eventuell werden auch bisher versteckte Probleme in seinen Bewegungsabläufen sichtbar, die dann behoben werden können.

So geht's

Legen Sie eine oder mehrere einfache Tellington TTouch® Bodenarbeitsfiguren aus: eine am Boden liegende Leiter, einen Korridor, ein Labyrinth oder einen Slalom aus Stangen oder auch einen Stern, also eine Figur, bei der die Stangen sternförmig von der Mitte ausgehen. All diese Figuren erfordern, dass Ihr Hund seinen Körper geschickt durch die Kurven bewegt, um die Leckerchen zu finden, was den meisten Hunden anfangs Schwierigkeiten bereitet. Um zu erreichen, dass Ihr Hund noch etwas länger in den Figuren verweilt, können Sie einen Schnüffelteppich mit Leckerchen hineinlegen oder die Leckerchen mit einem Tuch bedecken.

Nun gehen Sie genauso vor wie bei der vorigen Übung und legen beim ersten Mal das Leckerchen außerhalb einer Figur ab, damit der Hund sich ihr nähern muss, um das Leckerchen zu finden. Halten Sie das Tempo niedrig und gehen Sie einige Schritte weiter, indem Sie beispielsweise um eine Figur herumkreisen und auf der anderen Seite der Figur das Leckerchen deponieren. Nun können Sie beobachten, welchen Weg Ihr Hund wählt: Geht er quer über die Figur? Oder läuft er ebenfalls außenherum, sodass er mit keinem Element in Berührung kommt? Wenn er hindurchläuft, zeigt er damit, dass ihm die ausliegenden Objekte eher keine Sorge bereiten; wenn er drumherum läuft, ist er zielstrebig, erfinderisch und hat eine andere Lösung gefunden. Beides ist gut. Nun können Sie auch mal ein Leckerchen innerhalb der Figur ablegen, sodass Ihr Hund seinen Körper geschickt positionieren muss, um von außen heranzukommen, oder eventuell doch einen Schritt in die Figur hineinwagt, um sich seine Beute zu holen. Sorgen Sie auf diese Weise dafür, dass sich allmählich ein Zusammenspiel entwickelt, wobei Sie die Anforderungen ganz langsam steigern. Gehen Sie unbedingt kleinschrittig vor und machen Sie viele Pausen. Letztendlich ist das Ziel, dass Ihr Hund Ihnen irgendwann auf Schritt und Tritt frei durch eine solche Figur folgen kann. Achten Sie immer auf ein sehr langsames Tempo, damit Ihr Hund sich bei jedem Schritt seines Körpereinsatzes, seines Gleichgewichts, seiner Gewichtsverlagerungen und der Bewegungen seiner Wirbelsäule bewusst ist. Parallel dazu interagiert er mit Ihnen und wird dafür belohnt.

Vielleicht fragen Sie sich jetzt, warum Sie die Leckerchen nicht einfach als Spur durch die Figuren legen sollen. Die Antwort lautet: Weil Ihr Hund dann ausschließlich mit dem Finden der Leckerchen beschäftigt wäre und nicht mehr mit Ihnen interagieren würde. Gerade bei den Reset-Hunden ist es mir jedoch wichtig, dass viel Kontakt zwischen Mensch und Hund stattfindet, insbesondere in Situationen, in denen der Hund sich frei dafür entscheiden kann.

Deckentraining

Das Deckentraining ist für die meisten Mensch-Hund-Teams ein Segen. Die Decke bietet dem Hund einen Anker. Hier kann er sich zur Ruhe setzen oder legen. Man kann dies so effektiv trainieren, dass der Hund sich immer sofort auf diese bestimmte Decke begibt, wann und wo auch immer sie ausgebreitet wird. Deshalb finde ich es wichtig, ein Material zu finden, das dem Hund gefällt und auf das er sich gern zurückzieht. Die Decke soll nicht allzu groß sein, aber auch keinesfalls zu klein. Wenn Ihr Hund gern weich liegt, muss sie dieses Bedürfnis erfüllen. Hilfreich ist es auch, wenn sie rutschfest ist. Ein Handtuch wäre beispielsweise ungeeignet. Es ist nicht komfortabel genug. Wählen Sie für die Decke lieber eine ruhige, kühle Farbe, also eher einen Grün- oder Blauton statt Orange, Rot oder Gelb.

Wir trainieren die Decke so auf, dass sie zum Liegetarget wird und Sie sie überall dort einsetzen können, wo Ihr Hund sich zur

Deckentraining bereitet den Hund auf vielerlei Ruhesituationen vor. (Foto: Archiv Lismont)

Ruhe legen soll. Deckentraining spielt eine wichtige Rolle bei Hunden, die im Haus Probleme bereiten und sich womöglich ihren Bezugspersonen oder Besuchern gegenüber aggressiv verhalten. Es ist zudem eine große Hilfe bei den ersten Trainingsschritten fürs Alleinbleiben und unterstützt die Hunde auch allgemein dabei, mehr Ruhe zu finden.

So geht's

Legen Sie die Decke aus und lenken Sie die Aufmerksamkeit Ihres Hundes darauf, indem Sie selbst die Decke anschauen und Ihren eigenen Körper zu ihr hin ausrichten. Stehen Sie dabei 2 bis 3 Meter von der Decke entfernt und warten Sie, bis der Hund Ihrem Blick folgt und sich ebenfalls für die Decke interessiert. Wieder gilt es, Geduld zu haben und nicht sofort auf den Hund einzuwirken, weder mit der Stimme noch mit Gestik. Sobald sich Ihr Hund mit der Decke auseinandersetzt, indem er sie anschaut, mit einer Pfote berührt oder sogar direkt daraufgeht, markern Sie das und geben ihm seine Futterbelohnung auf der Decke. Da wir auch in diesem Fall ein Ruheverhalten einüben möchten, werfen Sie das Leckerchen bitte nicht, sondern deponieren Sie es mit einer ruhigen Bewegung. Sobald Ihr Hund das Leckerchen gefressen hat, locken Sie ihn wieder von der Decke weg, indem Sie in 2 bis 3 Metern Entfernung ein Leckerchen deponieren. Das ist wichtig, weil wir anfangs vor allem das Zur-Decke-Hingehen einfangen möchten. Wiederholen Sie diesen Ablauf, bis Ihr Hund Sie irgendwann, wenn er sich gerade auf der Decke befindet, fragend anschaut. Daraufhin belohnen Sie ihn mehrmals nacheinander auf der Decke. Jetzt ist der richtige Zeitpunkt, um dazu überzugehen, die Verweildauer auf der Decke zu verstärken. Wenn Sie nach ungefähr drei Wiederholungen eine kleine Pause machen möchten, nehmen Sie bitte die Decke während der Pause weg.

Versuchen Sie nun, die Verweildauer allmählich zu verlängern, übertreiben Sie es aber nicht. Reichen Sie Ihrem Hund einige Belohnungen und schicken Sie ihn dann wieder weg. In der ersten Übungseinheit ist es noch nicht notwendig, dass der Hund auf der Decke „Sitz" oder „Platz" macht. Ein gutes Zwischenziel ist, dass er sich für die Decke interessiert, gern dorthin geht und eine kurze Zeit auf seine Belohnung wartet. Falls Ihr Hund die Übungen „Sitz" und „Platz" noch gar nicht kennt, ist es sinnvoll, diese Positionen parallel zum Deckentraining zu üben. So werden sie ihm geläufig und er wird Ihnen bei einer der nächsten Einheiten vielleicht schon von sich aus eine davon anbieten. Vergessen Sie nicht: Ein Verhalten, für das Ihr Hund häufig belohnt wurde, wird er in der Folge auch von sich aus öfter zeigen.

Wenn Sie es geschafft haben, dass Ihr Hund, sobald die Decke auf den Boden gelegt wird, dorthin geht und sich darauflegt, können Sie beginnen, die Dauer des Liegens zu verstärken. Ab jetzt schleiche ich das Markerwort aus, denn ich möchte den Hund in dieser Situation nicht „aktivieren". Ich gehe also zu ihm und lege ihm das Leckerchen so vor die Nase, sodass er seine Position nicht verändern muss. Sie selbst können Ihre Position und die Entfernung zur Decke dann in kleinen Schritten verändern, sodass das Bleiben verallgemeinert wird. Wenn Sie in dieser Phase darauf achten, dass die Umgebung ruhig und leise ist, eventuell mit Ausnahme von sanfter und beruhigender Musik, wird Ihrem Hund das Liegenbleiben auf der Decke leichter fallen. Sie können jetzt auch beginnen, einen beruhigenden Duft mit der Decke zu verknüpfen. Verwenden Sie dazu immer das gleiche, verdünnte Aroma.

Klappt dieser Schritt sicher und Ihr Hund verweilt bereits längere Zeit im Liegen auf seiner Decke, können Sie die Übung an anderen Orten durchführen: zunächst in einem anderen Raum des Hauses, dann draußen, auf der Terrasse oder im Garten, später auch in den Pausen beim Spaziergang, und irgendwann können Sie die Decke auch in anderen Situationen einsetzen, etwa beim Tierarztbesuch.

Bleib

Für rastlose Hunde ist das Ausharren in einer Position eine große Herausforderung. Das Bleiben, egal ob im Stehen, Sitzen oder Liegen, fällt vielen agilen Hunden daher schwer. Diese Übung trägt dazu bei, dass auch solche Hunde mit der Zeit lernen, ihren Körper für eine Weile stillzuhalten. Das hilft uns, wenn wir den Hund pflegen oder untersuchen lassen müssen oder wenn es eine Situation erforderlich macht, dass wir mit ihm auf etwas warten. Das „Bleib" ist ein Verhalten, das nicht mit Rastlosigkeit kompatibel ist. Es wird Ihren Hund Kraft kosten, dieses Verhalten zu lernen, aber früher oder später wird es klappen und im Alltag so einiges erleichtern.

Das Bleiben lässt sich gut mit dem hier ebenfalls beschriebenen Dreiecksspiel üben und festigen. (Foto: Archiv Lismont)

Ich übe das „Bleib" am liebsten in einer sitzenden Position, denn vielen Hunden fällt es leichter, im Sitzen zu verharren statt im Liegen. So wird der Ablauf im Folgenden auch beschrieben. Sollte Ihr Hund jedoch nicht so gern sitzen, können Sie als „Bleib"-Position auch das Liegen wählen.

So geht's

Kleine Schritte und Geduld sind die wichtigsten Faktoren beim Üben der „Bleib"-Position. Denken Sie daran, dass das Bleiben immer von Ihnen aufgelöst werden muss. Wenn Ihr Hund die Position wiederholt ohne Ihr Freizeichen selbstständig auflöst, werden Sie es schwer haben, ein zuverlässiges Bleib aufrechtzuerhalten.

Bitten Sie Ihren Hund zunächst ins Sitz. Anfangs können Sie dafür markern und belohnen. Sagen Sie dann Ihr Signal für die neue Übung, zum Beispiel „Bleib" oder „Warte", und geben Sie unterstützend ein Handzeichen. Ein deutliches Zeichen ist, wenn Sie dem Hund Ihre Handinnenfläche zeigen. Nun machen Sie zunächst nur einen Ausfallschritt nach hinten und kommen sofort wieder in die Ausgangsposition. Dann markern Sie und geben Ihrem Hund eine Belohnung, während er sich noch in der Sitzposition befindet. Anschließend geben Sie Ihr Freizeichen und belohnen ihn auch dafür, diesmal in Bewegung. Wiederholen Sie diesen Ablauf einige Male und machen Sie als Nächstes einen zweiten Schritt rückwärts. Danach kehren Sie wieder zu Ihrem Hund zurück und markern und belohnen wie zuvor beschrieben einmal in der Sitzposition und einmal nach dem Freizeichen in Bewegung.

Vergrößern Sie nun nach und nach die Distanz, wobei Sie jedoch immer noch rückwärts von Ihrem Hund weggehen und während der gesamten Dauer der Übung Ihr Handzeichen geben. Dies wird Ihnen später helfen, wenn Sie das Verhalten auf großer Distanz abfragen.

Üben Sie in einem nächsten Schritt mit Ihrem Hund, dass er auch dann sitzen bleibt, wenn Sie ihm beim Weggehen den Rücken zuwenden. Hierfür beginnen Sie zunächst mit einer kleineren Distanz und vergrößern diese schrittweise.

Zum Schluss schleichen Sie das Markersignal und die Belohnung für das Sitzen aus und belohnen nur noch das Auflösen, sodass der Hund von nun an förmlich auf das Freizeichen wartet.

Dreiecksspiel

Dank diesem Spiel können Hund und Mensch sehr viel miteinander, übereinander und über sich selbst lernen. Außerdem bereitet es großen Spaß und kann nahezu überall gespielt werden. Ich habe dem Spiel ein ganzes Buch mit dem Titel „Ums Eck gedacht" gewidmet. Bei dieser Interaktion mit Ihrem Hund kommt sicher Freude auf. Langeweile werden Sie hierbei nicht erleben, denn der Ablauf ist jedes Mal ein bisschen anders. Sie können Ihrer Fantasie freien Lauf lassen und sich immer wieder kleine Abwandlungen ausdenken. Das macht dieses Spiel für Ihren Hund spannend. Er kommt dabei in eine freudige Erwartungshaltung, die zur Ausschüttung von Dopamin führt.

BEISPIEL
Der Ablauf einer einfachen Dreiecksübung:

1. Der Mensch bittet den Hund ins „Sitz" und „Bleib" auf Postion A,
2. geht dann mit der Beute zu Position B und legt diese dort aus,
3. geht dann zu der Endposition C und ruft dort den Hund zu sich.
4. Er fragt 1 oder 2 Übungen von dem Hund ab, markert und
5. schickt den Hund zur Belohnung los, um seine Beute zu holen.

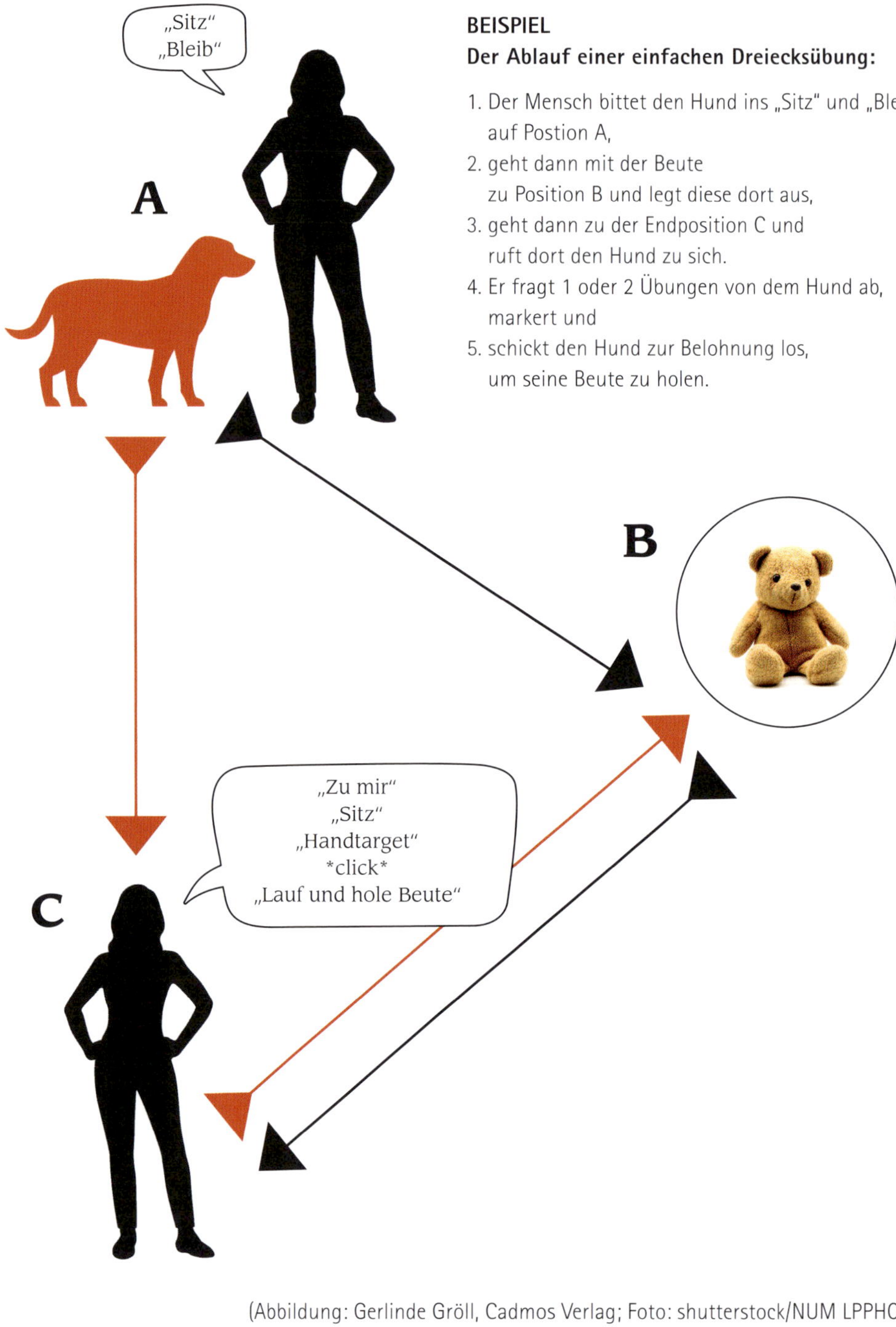

(Abbildung: Gerlinde Gröll, Cadmos Verlag; Foto: shutterstock/NUM LPPHOTO)

So geht's
Die Basisversion des Dreiecksspiels funktioniert wie folgt: Sie lassen Ihren Hund an einer Stelle in einer beliebigen Position (sitzend, liegend, stehend, was immer er gut kann) warten. Sie selbst entfernen sich ein Stück von ihm, anfangs genügen 5 Meter. An dieser Stelle deponieren Sie einige Leckerchen, ein Spielzeug oder einen Futterdummy. Nun entfernen Sie sich von dieser Stelle und positionieren sich so, dass zwischen Ihnen, Ihrem Hund und der ausgelegten Beute ein Dreieck entsteht. Dann rufen Sie Ihren Hund zu sich und verlangen von ihm etwas Einfaches, das er gut beherrscht, beispielsweise Ihre Hand anstupsen oder sich hinsetzen und Sie anschauen. Dafür markern Sie und erlauben Ihrem Hund anschließend zur Belohnung, sich die Beute zu holen. Machen Sie es Ihrem Hund anfangs leicht und nehmen Sie die Art Beute, die für Ihren Hund zwar interessant, aber nicht unwiderstehlich ist. Bei sehr verfressenen Hunden würde Futter beispielsweise den Ablauf erschweren. Bei Hunden, die gern spielen und auf Futter weniger Wert legen, ist es umgekehrt. Ein Futterdummy ist ein guter Mittelweg zwischen beiden Optionen.

Wenn Ihr Hund das Basisspiel verstanden hat, können Sie es kreativ abwandeln, indem Sie beispielsweise das Umrunden von Bäumen oder ein Target einbauen. Eine weitere Möglichkeit ist, die Beute versteckt auszulegen, sodass Ihr Hund sie erst suchen muss, was den Belohnungseffekt noch vergrößert.

Sie können das Dreiecksspiel auf engem Raum spielen, zum Beispiel auf einem Weg oder einer Kreuzung, für einen lauffreudigen Hund aber auch eine große Wiese nutzen. Bei diesem Spiel werden gleich mehrere Dinge geübt und vertieft: das ruhige Bleiben (im Sitzen, im Liegen oder im Stehen), Aufmerksamkeit, Konzentration und der Abruf. Es bietet außerdem eine tolle Gelegenheit für Kooperation zwischen Ihnen und Ihrem Hund und es eignet sich in gewisser Weise als Jagdersatz, sodass in diesem Bereich ein Bedürfnis erfüllt wird. Weitere kreative Ideen für das Dreiecksspiel finden Sie in meinem im Kynos Verlag erschienenen Buch „Ums Eck gedacht".

Pausen

„Pausen erlauben wundersame Stille im Kopf", sagt Linda Tellington-Jones. Genau deshalb sind stille Pausen ebenso wichtig wie Übungen und Aktivitäten. Pausen lassen sich in den warmen Jahreszeiten einfacher umsetzen, denn bei Regen, Schnee und Kälte ist es angenehmer, in Bewegung zu bleiben. Dennoch sollten Sie auch bei ungemütlicher Witterung versuchen, kurze Pausen in Ihre Spaziergänge einzubauen. Gemeinsame Pausen geben dem Hund Zeit und die Möglichkeit, seine Umwelt in Ruhe wahrzunehmen: Sie werden feststellen, dass Ihr Hund dabei nicht nur mit den Augen in die Landschaft schaut, sondern auch die Nase ausgesprochen aktiv einsetzt.

Machen Sie es sich gemeinsam mit Ihrem Hund auf einem Baumstamm, einer Bank oder einem Felsen bequem und bleiben Sie dort einige Minuten lang ruhig atmend sitzen. Sie können dabei den Körper Ihres Hun-

Pausen sind Momente der Achtsamkeit, die Überforderung verhindern. (Foto: Archiv Lismont)

des mit langsamen und achtsamen Berührungen abstreichen. Oder Sie sitzen einfach nur neben ihm, betrachten die Natur und lauschen der Stille, die in Ihrem Kopf und in dem Ihres Hundes entsteht. Es kann auch schön sein, zur Abwechslung einen nicht ganz so ruhigen Ort zu wählen, sondern einen, an dem es etwas zu beobachten gibt, beispielsweise eine Baustelle, Autoverkehr, einen Traktor, mit dem ein Feld bearbeitet wird, andere Hunde mit ihren Menschen und vieles mehr.

Leinenhandling

Die Art und Weise, wie Sie mit der Leine umgehen, hat einen enormen Einfluss auf die Haltung und das Verhalten Ihres Hundes. Das Leinenhandling in der Theorie zu beschreiben ist recht komplex. Ich habe versucht, es möglichst einfach zu halten, und denke, dass die nachstehenden Hinweise Ihnen bereits eine gute Hilfe sein werden.

Die Leine sollte nicht zu kurz sein. Die Mindestlänge beträgt 3 Meter, sofern möglich und wenn Ihr Hund nicht zu kräftig ist, eignet sich eine 5 Meter lange Leine noch besser. Diese Länge gewährt dem Hund etwas Freiraum, ohne dass die Leine sofort auf Zug gerät. Das Laufen mit Zug auf der Leine strapaziert Hunde sehr, sowohl körperlich als auch mental. Der Mensch am anderen Ende der Leine leidet ebenfalls darunter. Das Leinenhandling, das ich hier in Kürze beschreibe, stammt aus dem BAT-Training und bedeutet für die neuen Teams, die bei mir mit dem Training beginnen, ab der ersten Stunde eine riesige Veränderung.

Sicheres Handling: Zwei Hände an der geordnet gewickelten Leine. (Foto: Archiv Lismont/Daphne Mpaltsidis)

So geht's

Im Folgenden erläutere ich die wichtigen Aspekte einzeln:

Beide Hände an der Leine: Wenn Sie nur mit einem Hund unterwegs sind, ist es nicht so schwer, die Leine in beiden Händen zu halten. Das vermittelt Ihnen ein gutes Gleichgewicht, sodass Sie durch plötzliche Richtungs- oder Tempowechsel Ihres Hundes weniger überfordert werden. Achten Sie darauf, dass der Daumen der Führhand, die dem Hund am nächsten ist, nach unten zum Hund zeigt. Für eine absolut ruhige Leinenführung gilt es, die Leine mit der Führhand so fein zu halten, dass sie während des Laufens für den Hund kaum zu spüren ist. Denken Sie daran, dass sich der Hund so wenig wie möglich gehalten fühlen sollte. Die Leine sollte leicht durchhängen, aber nicht über dem Boden schleifen.

Die Leine richtig wickeln: Leinen sind notwendige Hilfsmittel, die zur Sicherheit beitragen, aber auch gefährlich werden können, insbesondere wenn sie etwas länger sind. Deswegen ist es wichtig, die Leinenlänge jederzeit unter Kontrolle zu haben und immer darauf zu achten, dass die Leine nicht über den Boden schleift, damit weder

Mensch noch Hund sich darin verfangen können. Die Leine wird so gewickelt, dass sie sich mit einer Hand schnell verkürzen und verlängern lässt, während die Führhand immer in Kontakt zum Hund bleibt. Nur dann können wir die Spannung auf der Leine gleichmäßig halten und dem Hund so unauffällig wie möglich folgen. Auf dem Foto sehen Sie, dass es sich nicht um eine Endlosschlaufe um die Hand handelt, sondern dass die Leine ähnlich wie eine Acht links und rechts von der Hand gewickelt wird, wobei die Mitte der Acht in der Hand liegt.

Sanftes Stoppen: Das sanfte Stoppen trägt bedeutend zu einer guten Leinenführigkeit und vor allem auch zur Ruhe und Achtsamkeit des Hundes bei. Hier kommt es auf Ihre Balance an: Halten Sie die Ellbogen nahe am Körper, die Schultern entspannt und die Hände recht niedrig. Kommt Zug auf die Leine, lassen Sie weder die Arme länger werden noch beugen Sie sich nach vorn. Stattdessen machen Sie einen kleinen Ausfallschritt vorwärts, der hintere Fuß bleibt aber am Boden stehen, sodass Sie Ihr Gleichgewicht halten. Dabei wiegen Sie sanft einige Zentimeter in den Zug hinein oder lassen die Leine 1 bis 2 Zentimeter durch die Führhand gleiten. Wichtig ist, dass Ihr Hund wirklich nicht weitergehen kann, dabei jedoch nicht „hart" gestoppt, sondern eher etwas abgefedert wird. Sobald Sie und der Hund stillstehen und Sie beide wieder zentriert sind, lassen Sie die Leine sofort, aber einfühlsam durchhängen.

Achten Sie darauf, was direkt nach dem Lockerlassen der Leine passiert. In vielen Fällen wird sich Ihr Hund sofort zu Ihnen umorientieren oder zumindest gut ansprechbar sein. Klappt das nicht, sondern er zieht direkt wieder nach vorn, ist die Ablenkung zu groß oder Ihr Hund zu erregt. Nehmen Sie den Hund ein Stück abseits, lassen Sie ihn etwas Futter suchen, um die Erregung zu reduzieren, oder legen Sie eine Atempause ein. Wenn Sie den sanften Stopp konsequent durchführen, wird Ihr Hund schnell merken, dass Ziehen keinen Erfolg bringt. Dadurch, dass er keinen abrupten Schock empfindet, bleibt er ansprechbar und kann etwas lernen. Schon bald wird er von allein weniger in die Leine springen oder an ihr ziehen. Wie bereits gesagt ist das aber nur ein Teil des Trainings. Die nächste Übung sollten Sie unbedingt parallel dazu in Angriff nehmen.

Ausstreichen der Leine: Hierbei geht es um eine taktile Umorientierung. Mit dem Ausstreichen der Leine können wir ohne Ziehen und Zerren und ohne verbales Signal die Aufmerksamkeit des Hundes auf uns lenken. In einer Situation, in der Ihr Hund stark abgelenkt ist oder vielleicht einen Auslöser anstarrt, ist es wichtig, das Hinschauen zum Auslöser zu unterbrechen, damit es nicht zur Eskalation kommt.

Bei dieser Technik streichen Sie im Wechsel mit der linken und mit der rechten Hand die Leine so aus, dass Ihre Hände sanft über die Leine zu Ihrem Körper hingleiten. Es sollte kein Zug auf der Leine entstehen, sondern nur ein feines taktiles Signal gegeben werden. Das Ausstreichen der Leine ist eine sanfte rhythmische Bewegung, die auf viele aufgeregte Hunde beruhigend wirken kann.

Sie können dieses Signal auch im Gehen geben, wenn Sie merken, dass Ihr Hund sich verspannt. So erreichen Sie, dass er langsamer wird und sich wieder entspannen kann.

Ins Sichtfeld treten und den Blick „mitziehen": Wenn Ihr Hund seinen Blick gerade stark auf einen Auslöser fixiert, egal, ob es sich um einen anderen Hund, ein Fahrzeug, einen Spaziergänger, einen Jogger oder eine Gruppe von Menschen handelt, dann sollte er seinen Blick so schnell wie möglich (maximal nach 2 bis 3 Sekunden) davon abwenden können. Je länger Ihr Hund sich etwas anschaut, desto mehr „Programme" laufen im Gehirn und im Nervensystem an. Oftmals ist eine sichere Folge des längeren Hinschauens, dass Ihr Hund die Nerven verliert und nach vorn geht oder laut wird. Bei der BAT-Methode möchten wir so wenig wie möglich verbal auf den Hund einwirken, und Leinenimpulse zur Kommunikation sind erst recht nicht vorgesehen. Wie aber lässt sich das Hinstarren dennoch unterbrechen?

Hunde nehmen vorrangig Bewegung wahr. Unsere verbalen Interventionen kommen erst an zweiter Stelle – denn diese sind und bleiben Fremdsprache für unseren Hund, vor allem dann, wenn er sich auf etwas fixiert. Was sehr gut wirkt, ist, wenn Sie seitlich in seinen Sichtradius treten. In nahezu allen Fällen wird er einen kurzen Blick in Ihre Richtung werfen, und wenn Sie

Treten Sie in das Blickfeld Ihres Hundes, während Sie die Leine sanft ausstreichen. So erreichen Sie leicht, dass Ihr Hund sich prompt umorientiert. (Foto: Archiv Lismont)

in dem Moment die Leine ausstreichen und den Körper abwenden, als würden Sie sich von ihm wegdrehen, können sich die meisten Hunde aus der Situation lösen und sogar mitkommen oder sich zumindest abwenden. Dies ist eine sehr leise Art und Weise, den Blick von einem Auslöser wegzuorientieren.

Tellington TTouch®

Der wichtigste Grund, warum ich in fast jedem Trainingsplan Elemente aus dieser sanften Methode einbaue, ist ihre Relevanz für Hunde, deren Nervenkostüm quasi blank liegt. Sie wirkt sich günstig auf das Gleichgewicht im autonomen (also nicht willentlich steuerbaren) Nervensystem aus. Dieses besteht aus dem Sympathikus, dessen Funktion es ist, den Körper in Bereitschaft für Stressreaktionen wie Angriff oder Flucht zu versetzen, und seinem Gegenspieler, dem Parasympathikus, der für Ruhe und Regeneration sorgt. Ist der sympathische Teil sehr aktiv, so wird dadurch der parasympathische Teil ausgebremst und umgekehrt. Tellington TTouch® aktiviert den Parasympathikus. Deshalb können Hunde, die regelmäßig in den Genuss dieser Methode kommen, zu mehr Ruhe und einem gesteigerten Wohlbefinden gelangen.

Sanfte Berührungen führen darüber hinaus zu einer Ausschüttung von Oxytocin, das auch als „Vertrauenshormon" bezeichnet wird. Es erhöht die Bereitschaft, Vertrauen zu schenken, und steigert zudem das Selbstvertrauen. Tellington TTouch® ermöglicht es Ihnen, die Ausschüttung dieses Stoffs anzuregen. Wenn das kein Grund ist, sich näher damit zu beschäftigen!

Ein weiteres zentrales Ziel der Tellington-TTouch® Methode ist es, alte und starre Haltungs-, Bewegungs- und Verhaltensmuster durch neue, flexiblere abzulösen. Hunde, die lange unter Verspannungen oder Schonhaltungen leiden, werden sich auf Dauer auch anders verhalten. Dass Haltung zu Verhalten wird, ist dabei eine der wichtigsten Feststellungen. Sowohl durch sanfte Berührungen (TTouches), die zu einer besseren Körperwahrnehmung führen, als auch durch die langsame Bodenarbeit lernt der Hund, seine körperlichen und geistigen Fähigkeiten neu zu entdecken und zu erweitern.

Beide Säulen der Tellington TTouch® Methode möchte ich Ihnen hier kurz vorstellen. Im Anhang finden Sie weiterführende Literatur.

DIE TELLINGTON TTOUCH® KÖRPERARBEIT

Ein wesentlicher Aspekt dieser sanften Berührungen ist die Achtsamkeit, die wir bei jedem TTouch anwenden. Das ist auch der Aspekt, der sich positiv auf die ttouchende Person auswirkt: Dadurch, dass Sie auf Ihre Atmung und auf die richtige und sanfte Ausführung der TTouches achten, kommen auch Ihr Gehirn und Ihr Körper in einen Zustand der achtsamen Ruhe. Das Repertoire an TTouches ist riesig, und ich kann hier nur einen kleinen Einblick geben. Ich erkläre Ihnen die TTouches, die ich am häufigsten anwende.

Der erste und umfassendste TTouch ist der streichende TTouch **Noahs Marsch**. Er wird als erkundender TTouch eingesetzt, weshalb ich gern mit dieser Berührung anfange. Am besten streichen Sie hierfür langsam und sanft, ohne viel Druck, mit der weichen Handinnenfläche in langen Linien über den Körper Ihres Hundes. Achten Sie dabei auf Ihre eigene Atmung, auf die fließende Bewegung (es ist wichtig, dass Sie selbst eine komfortable Position einnehmen) und konzentrieren Sie sich darauf, was der Körper Ihres Hundes Ihnen mitzuteilen hat. Setzen Sie beide Hände ein: Eine Hand führt die streichende Bewegung über den ganzen Körper des Hundes aus und die andere ruht an einer Stelle, wo es für den Hund gut auszuhalten ist, zum Beispiel vorn an der Brust. Sie können nun seitlich am Kopf beginnen, dann über den Nacken und die ganze Wir-

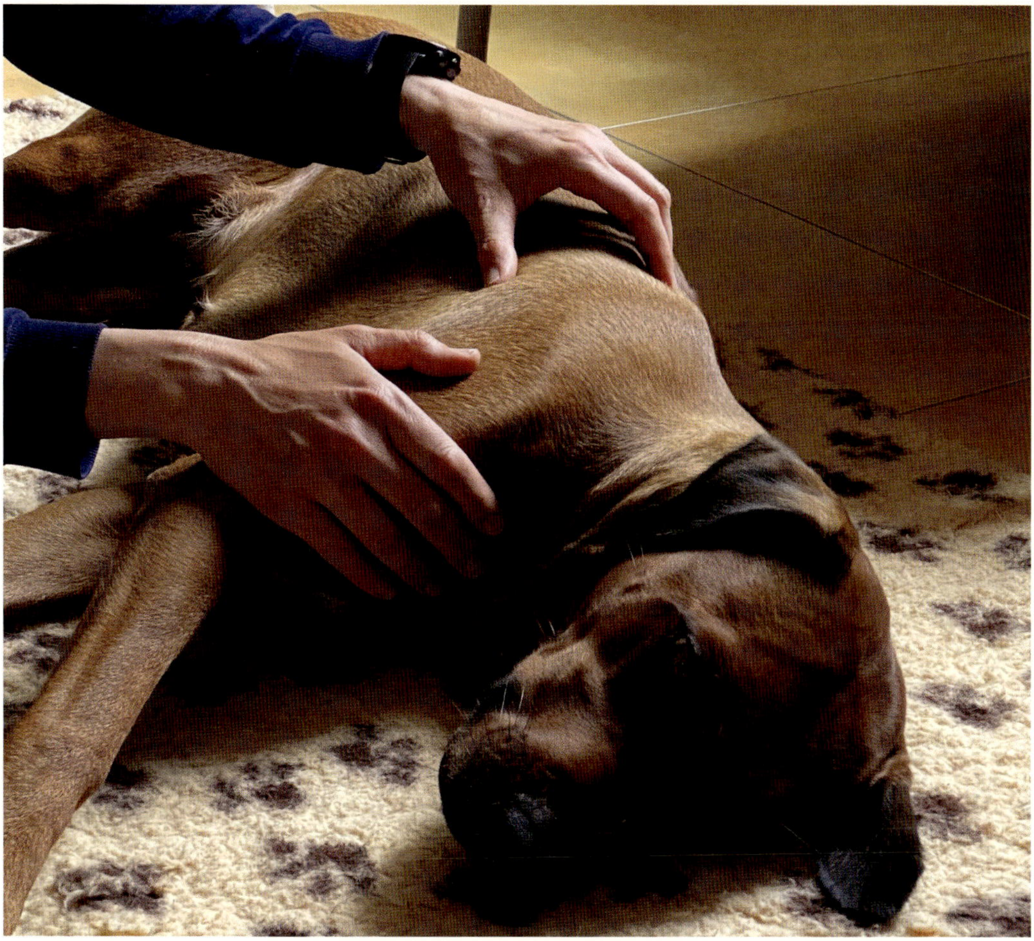

Die sanften TTouches sorgen für eine bessere Körperwahrnehmung. (Foto: Archiv Lismont)

belsäule nach hinten streichen und dort entlang der Oberschenkel bis zum Boden ausstreichen, alles mit dem gleichen weichen Druck und der gleichen Langsamkeit. Machen Sie dies einmal rechts und einmal links von der Wirbelsäule. Anschließend starten Sie eine Handbreit tiefer und streichen den Körper über die Flanken nach hinten aus. Streichen Sie immer in langen Linien, die den ganzen Körper mit einbeziehen. Sollte das zu Anfang für den Hund zu schwer erträglich sein, machen Sie erst nur eine streichende Bewegung, geben Ihrem Hund dann eine Pause und tasten sich anschließend in kleinen Schritten weiter. Sollte Ihr Hund an bestimmten Stellen berührungsempfindlich sein, ist das absolut normal. Stellen Sie das als Tatsache fest und beziehen Sie die Stellen dennoch immer kurz und wie zufällig mit ein. Zeichen für eine Empfindlichkeit des Hundes könnten sein: Die Haut unter dem Fell zuckt und zieht sich zusammen, der Hund versucht auszuweichen oder steht auf, der Hund schaut sich nach Ihrer Hand um oder legt das Maul drauf oder wird sogar noch deutlicher in der Körpersprache. Im Folgenden eine Übersicht von Dingen, auf die Sie beim Abstreichen achten können:

Kopf:

- Sind die Lefzen weich, leicht offen und feucht oder fest geschlossen und trocken?
- Ist die Haut am Oberkopf und der Stirn locker oder verspannt und fest?
- Fühlen sich die Ohren fest an? Fühlen sie sich auf beiden Seiten gleich an? Wirkt der knorpelige Ohransatz steif und unbeweglich?
- Ist der Kiefer fest und hart oder weich und beweglich?
- Gibt es auffällig warme oder kalte Stellen am Kopf, zum Beispiel am Oberkopf?

Nacken:

- Ist der Nacken auffällig breit und stark bemuskelt?
- Ist er fest und angespannt?
- Ist er sehr berührungsempfindlich?

Rücken:

- Lässt sich Ihr Hund von vorn bis hinten zu den Oberschenkeln komplett abstreichen?
- Gibt es Stellen am Rücken, an denen sich die Haut zusammenzieht?
- Gibt es auffällig warme oder kalte Stellen am Rücken?
- Gibt es Stellen, an denen Ihr Hund den Berührungen ausweichen möchte?

Rumpf/Bauch:

- Können Sie die Rippenzwischenräume gut ertasten oder fühlt sich dieser Bereich fest an?
- Ist der Bauch weich?
- Ist der Bauch berührungsempfindlich?
- Gibt es auffällig kalte oder warme Stellen am Rumpf oder am Bauch?

Beine:

- Dürfen Sie die Beine bis zu den Pfoten hin abstreichen und auch die Pfoten berühren?
- Gibt es ein Bein (oder mehrere), das empfindlicher ist als die anderen?
- Sind alle Beine/die Schultern/Oberschenkel gleich stark bemuskelt?

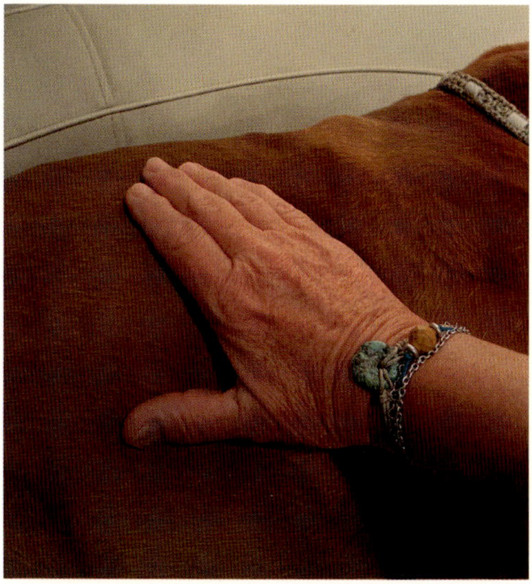

Beim Muschel-TTouch wird mit der gesamten Handinnenfläche gearbeitet. (Foto: Archiv Lismont)

Ohren-TTouches können für Entspannung im ganzen Körper sorgen. (Foto: Archiv Lismont)

- Können Sie einen Unterschied bei der Krallenabnutzung feststellen?
- Lassen sich die Beine auch passiv bewegen? Die Ellbogen? Die Knie?

Rute:

- Ist Ihr Hund an der Rute berührungsempfindlich?
- Ist die Rute steif oder beweglich?

Fell:

- Liegt das Fell am ganzen Körper gleichmäßig an oder bildet es an einigen Stellen Wirbel?
- Fühlt sich das Fell an bestimmten Stellen struppiger und strohiger an?
- Fühlt sich das Fell klebrig an?
- Gibt es Stellen, wo die Haare stark geplättet auf der Haut liegen?

All das können Sie selbst ertasten, ohne dass Sie daraus irgendeinen Schluss ziehen müssen. Noahs Marsch vermittelt dem Hund nicht nur ein besseres Körpergefühl, sondern er ermöglicht uns eine Bestandsaufnahme. Merken Sie sich, was Ihnen auffällt. Sie können damit Ihrem Tierphysiotherapeuten oder Tierarzt möglicherweise wertvolle Hinweise geben. Außerdem können Sie nach einigen TTouch-Sitzungen oder auch nach physiotherapeutischen Behandlungen selbst prüfen, ob sich etwas verändert hat. Insgesamt ist das eine spannende Erfahrung, bei der Sie den Körper Ihres Hundes besser kennenlernen.

Zwei weitere Alleskönner-TTouches, die ich Ihnen ans Herz legen möchte, sind kreisende TTouches. Hierbei wird die Haut ganz leicht, fein und langsam in Eineinviertelkreisen verschoben. Dabei halten Sie den Druck so leicht, wie es nur geht. Er sollte gerade so dafür ausreichen, dass Sie die Haut bewegen können. Diese Art von Berührungen eignet sich prima, um angespannte Körperpartien anzusprechen und dazu anzuregen, ihren Idealzustand wiederherzustellen. Die TTouches werden mit unterschiedlichen Partien der Hand durchgeführt. Je mehr Handfläche im Spiel ist, desto diffuser und weicher ist die Berührung. Werden nur die Finger genutzt, sind die TTouches umso anregender und deutlicher, je kleiner die Fingerfläche ist (zum Beispiel nur die Fingerspitzen).

Sie können beide kreisenden TTouches leicht selbst anwenden, um Ihrem Hund mehr Wohlbefinden zu schenken. Eine Möglichkeit ist, dass Sie die TTouches auf entlang des gesamten Körpers verlaufenden Linien ausführen. Sie können aber auch alle Beine mit einbeziehen und den Oberkopf ttouchen.

Wolkenleopard-TTouch: Die Hand liegt schräg auf, die kreisenden Bewegungen werden mit den schräg angesetzten Fingerkuppen ausgeführt. Dieser TTouch ist sehr weich und sehr leicht.

Muschel-TTouch: Die vollständige Handinnenfläche wird zum Berühren genutzt. Dieser TTouch spendet in besonderem Maß Wärme, Weichheit und Geborgenheit.

Hebende TTouches bilden die dritte Gruppe dieser achtsamen Berührungen. Hierbei legen Sie die Hände sanft und leicht auf eine Körperstelle des Hundes, heben die Haut etwas an, pausieren und begleiten die Haut dann wieder mit der Hand nach unten bis zu der Stelle, wo Sie begonnen haben. Sie können beispielsweise Beinheber durchführen, die sehr wirksam zugleich die Durchblutung der Gliedmaßen und deren Entspannung fördern. Auch Rückenheber sind starke Helfer, wenn die Durchblutung des Rückens verbessert und die lange Rückenmuskulatur gelockert werden soll.

Schließlich gibt es noch die Gruppe der Körperteil-TTouches. Sie heißen so, weil damit an bestimmten Körperteilen gearbeitet wird, etwa an den Ohren, den Beinen, dem Maul oder der Rute. In der Regel werden für diese Arbeit kreisende und streichende TTouches verwendet.

Durch die TTouches an den Ohren können wir den ganzen Körper erreichen, da dieser in der Ohrmuschel widergespiegelt wird. Weiche, sanfte, langsame TTouches beruhigen den Hund, schnellere und festere TTouches wirken anregend. Ohr-TTouches können beispielsweise wunderbar bei einem gestörten Verdauungstrakt helfen, indem sie diesen beruhigen und entspannen. Das Schöne an den Ohr-TTouches ist, dass sie von den meisten Hunden gern angenommen werden und Sie dabei nicht den ganzen Körper berühren müssen.

Die Maul-TTouches helfen dem Hund, emotional zur Ruhe zu kommen. Gleichzeitig wirken sie sich regulierend auf Stressreaktionen aus, die mit dem Maul ausgeführt werden, etwa Winseln, Bellen, Lecken oder Beißen.

Angespannte Ruten, die ständig hoch und steif getragen werden, spiegeln eine insgesamt angespannte Lebenshaltung des

Das Körperband vermittelt eine neue Körperwahrnehmung. Dieser Hund legte sich draußen erstmals hin, und zwar in einer Position, die er zuvor noch nie eingenommen hatte. (Foto: Archiv Lismont)

Hundes wider. TTouches an der Rute, die die Verlängerung der Wirbelsäule bildet, können Entspannung bewirken.

Wie bereits erwähnt sind das nur einige Beispiele für mögliche Berührungen. Ich möchte Sie ermutigen, sich näher mit der Methode zu befassen, das umfassende Repertoire an TTouches kennenzulernen und Ihre Lieblings-TTouches – und die Ihres Hundes – zu entdecken. Einen guten Einstieg bieten Seminare oder Einzeltrainings bei ausgebildeten Tellington TTouch® Instruktoren.

DAS TELLINGTON TTOUCH® KÖRPERBAND

Ein weiterer Bestandteil der Tellington TTouch® Körperarbeit ist das Körperband. Es handelt sich dabei um eine elastische Bandage, die auf unterschiedliche Weise um den Körper des Hundes gewickelt werden kann. Ein Körperband hat viele Funktionen und Vorteile. Für reaktive Hunde sind folgende Wirkungen von besonderer Bedeutung:

- Es verbessert die Körperwahrnehmung und dadurch die Körperbeherrschung und Selbstbeherrschung
- Es wirkt beruhigend und lindert Verspannungen
- Es verbessert das gesamte Körpergefühl, wodurch Hunde, deren Reaktivität aus Angst resultiert, mehr Sicherheit erlangen

Es gibt verschiedene Möglichkeiten, ein Körperband anzulegen. Ich beschreibe hier die einfachste, aber sehr wirksame Wicklung,

Bei der Bodenarbeit wird der Hund langsam durch einfache Figuren wie ein Labyrinth geführt. Dies erfordert bewusste Bewegungsabläufe und verbessert das Gleichgewicht. (Foto: Archiv Lismont)

mit der Sie Ihrem Hund schnell und leicht helfen können. Sie benötigen eine elastische Bandage, die in gedehntem Zustand ungefähr 5 Meter lang ist. Halten Sie die Mitte der Bandage vor die Brust des Hundes (unter den Hals), legen Sie die Enden rechts und links nach oben über den Widerrist und kreuzen Sie sie dort. Nun führen Sie die Enden unter dem Bauch durch, kreuzen sie dort erneut und führen sie wieder nach oben, wo Sie die Enden über dem Lendenbereich verknüpfen.

Achten Sie darauf, dass das Band nur locker anliegt und der Druck gleichmäßig verteilt wird. Ihr Hund kann dieses Band für einige Zeit tragen – zwischen 15 Minuten und einigen Stunden, allerdings bitte immer unter Ihrer Aufsicht. Sie können es in verschiedenen Alltagssituationen, also zu Hause, beim Gassigehen oder bei Gewitter, ebenso anlegen wie im Training oder in BAT-Sitzungen. Allerdings sollte Ihr Hund das Band nicht nur in schwierigen Situationen tragen, sonst besteht die Gefahr, dass er es negativ ver-

Das Übersteigen von Leitersprossen ist ein weiteres Element aus der Bodenarbeit. Es verbessert die Koordination. (Foto: Archiv Lismont)

knüpft. Soll das Band zur Beruhigung im Training dienen, ist es sinnvoll, wenn Sie es bereits einige Zeit vorher anlegen.

DIE TELLINGTON TTOUCH® BODENARBEIT

Die Tellington Bodenarbeit ist ein unübertroffenes Instrument, um die Sicherheit und eventuelle Unsicherheiten des eigenen Hundes genauer kennenzulernen oder neu zu entdecken. Vom Hund werden dabei Anpassungsfähigkeit, Offenheit für Neues, Vertrauen, Körperbewusstsein, Gleichgewicht und Wissen um die eigenen Fähigkeiten und Grenzen gefordert. Wenn Sie genau beobachten, wie Ihr Hund bei einer oder mehreren der recht einfachen Figuren aus der Bodenarbeit reagiert, werden Sie bestimmt mehrfach ins Staunen kommen. Durch die Langsamkeit, mit der alle Übungen ausgeführt werden, und dadurch, dass Ihr Hund nicht ausweichen kann oder soll, werden Sie feststellen, dass er weitaus mehr über seine

So sieht es aus, wenn die Balanceleine richtig angelegt wurde. (Foto: Archiv Lismont)

Die Balanceleine

Ich erläutere das richtige Anlegen und das Handling der Balanceleine am Beispiel eines links neben dem Menschen stehenden Hundes. Selbstverständlich klappt es auch spiegelverkehrt:

Haken Sie die Leine mit dem Karabiner am Rückensteg des Geschirrs ein und nehmen Sie das andere Ende in die rechte Hand. Greifen Sie nun mit der linken Hand die Leine zwischen dem Karabiner am Geschirr und der rechten Hand, sodass sich zwischen Ihren beiden Händen ein Stück Leine befindet. Diesen Teil legen Sie vor die Brust des Hundes. Damit der Hund sich nicht rückwärts aus der Leine befreien kann, führen Sie anschließend das Ende, das Sie in der rechten Hand halten, von links nach rechts unter dem vertikalen Bruststeg des Geschirrs durch.

Sie haben jetzt drei Kontaktpunkte: einen in der Mitte (Karabiner am Geschirr) und jeweils einen in jeder Hand. Mit den Händen führen Sie den Hund nun weich und sanft wie mit zwei Zügeln. Dabei sollte weder auf dem Karabiner noch auf den beiden Enden in Ihren Händen Zug entstehen. Um Ihren Hund anzuhalten, ziehen Sie beide Enden nicht nach hinten, sondern leicht nach oben. So bringen Sie den Hund ins Gleichgewicht und aus der Zughaltung.

Möglichkeiten nachdenken muss, als wenn er schnell durch etwas durchgelotst wird.

Sehr aktive und impulsive Hunde, Hunde mit Problemen im Bewegungsapparat, unsichere Hunde oder Hunde mit Ängsten werden bei der Bodenarbeit zeigen, dass sie für manche Situationen mehr Zeit und kleinere Schritte benötigen ... und natürlich ist ein wenig Übung erforderlich.

Manch ein Hund, der sonst wie ein Wirbelwind endlos hinter einem Bällchen herlaufen und dieses auch aus der Luft fangen kann, stößt bei der Bodenarbeit plötzlich radikal an seinen Grenzen. Ob eine Reihe gelbe Pylonen, weiße Pfosten, mehrere nebeneinanderliegende Bretter oder ein Stangenlabyrinth – es muss alles erkundet und in x-Schritten erarbeitet werden. Diese Arbeit offenbart, wie viele Schwierigkeiten solche Hunde im Alltag immer wieder überwinden, auch wenn wir es nicht merken. Oft reagieren wir erst dann irritiert, wenn der Hund schon deutliches Übersprungverhalten zeigt, das wir kaum mit ziemlich unscheinbaren Stressoren verknüpfen würden. Bei der Bodenarbeit kommt jedoch zutage, dass es durchaus Kleinigkeiten sind, die unserem Hund zu schaffen machen. Sie ermöglicht es, viele Kerzen zu erkennen und letztendlich zu löschen, denn das Gute ist: Ihr Hund kann lernen, mit all dem umzugehen. Wirklich mit allem. Es gibt keine Grenzen, wenn wir Menschen uns kreativ und geduldig mit den Anforderungen eines Parcours und den Signalen unseres Hundes auseinandersetzen. Bodenarbeit macht Hunde stark für den Alltag und zeigt ihnen, was ihr Körper alles leisten kann.

Obwohl der Parcours aus sehr einfach wirkenden Figuren zusammengestellt wird, macht der Hund jedes Mal neue Körpererfahrungen: In einem aus Stangen gelegten Labyrinth lernt er, sich in einem abgegrenzten Raum zu bewegen, dabei seinen Körper so zu biegen, dass er „um die Kurve kommt", und dennoch neben seinem Menschen zu bleiben. Beim Übersteigen von Leitersprossen lernt er, rhythmisch die Beine so anzuheben, dass er keine davon berührt. Wenn wir den Hund über ein Brett führen, das wacklig auf zwei Reifen liegt, verbessert sich sein Gleichgewichtsgefühl. Ungewohnte, knisternde, glatte und glänzende Oberflächen geben ihm einen taktilen Input. Durch diese und noch viele weitere Übungen, bei denen man immer wieder das Muster und die Anordnung verändern kann, werden unsere Hunde ständig aufs Neue angeregt zu überlegen, wie sie die gestellte Aufgabe meistern. Dabei spielt Langsamkeit eine zentrale Rolle.

Bei der Bodenarbeit geben wir recht wenige Signale oder verbalen Input. Auch locken wir den Hund nicht mit Leckerchen durch die Figuren. Nach einer gelungenen und besonders schwierigen Figur kann er gern eine Belohnung bekommen, aber die Absicht ist auch hier, keine reine Trainingssituation zu kreieren, in der der Hund tun soll, was der Mensch will. Vielmehr möchten wir, dass der Hund bewusst und im eigenen Tempo die Figuren kennenlernen, einschätzen und bewältigen kann. Es ist diese selbstwirksame Bewältigung, die verstärkend wirkt und den Hund auch tatsächlich stärker macht. Hier werden neue Verknüpfungen im

Gehirn gebaut, Flexibilität und Sicherheit werden gefördert. Trittsicherheit, Koordination und Körperbewusstsein verbessern sich. Dies alles führt zu mehr Vertrauen und Selbstvertrauen sowie zu einer besseren Einschätzung des Umfelds und der Umweltreize. Nicht selten resultieren eine oder einige Runden Bodenarbeit in einer anderen Körperhaltung und in neu sortierten, besser koordinierten Bewegungen.

Und nicht zuletzt hilft uns die Bodenarbeit sehr, einen etwas zu aktiven oder erregten Hund zu verlangsamen. Natürlich müssen auch hier die Figuren zunächst so einfach wie möglich gehalten werden. Die Langsamkeit ist in diesen Fällen von besonderer Bedeutung. Davon profitieren auch wir Menschen, denn wir können lernen, tatsächlich langsam und tief atmend durch den Parcours zu gehen und ein gemeinsames Tempo mit unserem Hund zu finden.

Zum Führen benutzen wir bei der Bodenarbeit am liebsten die im Kasten beschriebene Balanceleine. Durch die Drei-Punkt-Führung ist sie eine gute Hilfe, um die Figuren ruhig, langsam und in Harmonie zu durchlaufen. Sie hilft auch, Hunde, die durch Angst oder Stress nicht aufrecht gehen können, aufzurichten und bewusster und flotter weiterzubewegen, ohne dass sie sich in einer tiefen Zugposition befinden. Dabei wird das Prinzip „Haltung wird zu Verhalten" deutlich. Wenn wir nicht auf das Angstverhalten des Hundes eingehen und stattdessen ruhig bleiben, ihm Halt bieten, Zeit geben, Raum lassen, ihm gut zusprechen und ihn in aufrechter Haltung vorwärtsbringen, verhindern wir Fluchtverhalten und bieten unserem Hund eine wertvolle Lernerfahrung. Die Übung „Stille in Kopf und Körper – im Parcours" beschreibt eine weitere Nutzungsmöglichkeit der Bodenarbeitsfiguren.

Suchaufgaben

Es gibt keine bessere Möglichkeit, um einen Hund bedürfnisgerecht zu beschäftigen, als ihn mit seiner Nase Aufgaben lösen zu lassen. Das für viele Reset-Hunde typische dauerhafte Schnüffeln kann man zwar nicht als Nasenarbeit bezeichnen, aber es zeigt, dass der Einsatz seiner Nase dem entsprechenden Hund Informationen einbringt und eine gewisse Befriedigung verschafft. Deshalb sind Schnüffelaufgaben eine hervorragende Option, auch bereits am Anfang der Reset-Phase. Diese dürfen selbstverständlich nicht übermäßig anspruchsvoll sein, aber sie sollten es ihm ermöglichen, seine Nase über einen gewissen Zeitraum erfolgreich zu nutzen.

Suchen kann Ihr Hund Leckerchen oder verschiedene andere Objekte. Ausführliche Anleitungen für Suchaufgaben würden den Rahmen dieses Buches sprengen. Ich möchte hier nur einige einfache Anregungen geben. Wenn Sie mehr Einzelheiten über den Aufbau solcher Übungen wissen möchten oder die Wundernase Ihres Hundes weiter fördern möchten, lohnt sich die Anschaffung eines Buches zu diesem vielfältigen Thema.

Was ich in Suchübungen grundsätzlich einbaue, ist, dass die Hunde lernen, geduldig zu warten, bis ich die Leckerchen oder das Suchobjekt ausgelegt oder versteckt habe.

Unterschiedliche Untergründe bei der Leckerchensuche sprechen unterschiedliche Muskelgruppen an. (Foto: Archiv Lismont)

Zu Beginn der Reset-Phase ist das allerdings schwierig, weshalb ich es erst später einführen würde. Das Warten schult die Impulskontrolle und die Geduld des Hundes, aber er muss dafür Energieressourcen zur Verfügung haben. Solange dies nicht der Fall ist, bieten Sie ihm besser Schnüffelaufgaben, bei denen er sich nicht zusätzlich beherrschen muss. Beobachten Sie das Verhalten Ihres Hundes vor und nach dem Suchspiel. Sie werden staunen, wie viel ruhiger und ausgeglichener er im Anschluss an eine Suche mit Ihnen ist.

Als Einstieg können Sie mit der Suche gern drinnen beginnen, aber versuchen Sie, Ihrem Hund diesen Spaß möglichst bald draußen zu bieten – erst einmal in reizarmer Umgebung und dann nach und nach auch auf Flächen, auf denen Außenreize hinzukommen. Hier sind einige Ideen, wo und wie Sie Ihren Hund Leckerchen suchen lassen könnten:

- Leckerchen auf einer Grasfläche suchen: Im Gras gibt es zahlreiche ablenkende Gerüche und die Suche erfordert viel Interaktion zwischen Riechorgan und Gehirn. Legen Sie anfangs zum Beispiel 20 Leckerchen auf einem 3 x 3 Meter großen Areal aus. Nach und nach legen Sie die gleiche Menge an Futterstückchen auf einer immer größeren Fläche aus. So wird die Aufgabe zunehmend anspruchsvoller.
- Leckerchen an einem Hang oder an einer steilen Böschung suchen: Bei dieser Aufgabe sind neben der Suche auch noch Balance und Körpergefühl gefragt. Ihr Hund sollte keine gravierenden Rücken- oder Gelenkprobleme haben, denn es werden Körperpartien angesprochen, die sonst nicht aktiviert werden.
- Leckerchenbaum: Stecken Sie doch mal weiche Futterstückchen wie Käse oder Würstchen auf die Enden von dünnen Zweigen, damit Ihr Hund sie herunterholen kann. Auch dabei können Sie die Höhe variieren. Eine zusätzliche Schwierigkeit besteht darin, dass die Zweige nicht stillhalten – dadurch werden Geschicklichkeit und Feinmotorik Ihres Hundes trainiert. Wenn sich die Leckerchen weiter oben befinden, muss er sich eventuell kurz auf die Hinterbeine stellen, womit er seine Muskulatur kräftigt. Achten Sie vor allem bei schnellen und ungeduldigen Hunden darauf, dass weder für die Augen noch für das Maul Verletzungsgefahr besteht. Sie können alternativ weiche Leckerchen in die Rillen von Baumrinde drücken und Ihren Hund danach suchen lassen. Wenn Sie diese etwas weiter oben anbringen, wird er bei dem Versuch, an sie heranzukommen, seinen Körper und die Vorderbeine dehnen.
- Leckerchen an einem Holzstapel oder einer Steinmauer suchen: Legen Sie hier beispielsweise Leckerchen auf die Enden der Holzbohlen oder in die Fugen der Mauer, und zwar in unterschiedlichen Abständen und auf unterschiedlicher Höhe. Ihr Hund wird dann bei seiner Suche immer kreativer werden. Je nach den Fähigkeiten Ihres Hundes können Sie den Holzstapel oder die Mauer erst mal nur teilweise und später auf der gesamten Länge bestücken. So steigern Sie nach und nach die Ausdauer Ihres Hundes. Sollte er an ein Leckerchen nicht herankommen, können Sie ihm helfen.
- Leckerchen unter etwas suchen: Sie können die Leckerchen unter einem Tisch, einer Bank oder unter Laub verstecken, sodass Ihr Hund sich entweder körperlich anstrengen oder seine Nase noch besser einsetzen muss, um sie zu finden. Bei manchen Verstecken muss Ihr Hund sich vielleicht überwinden oder findet nicht sofort heraus, wie er an das Leckerchen gelangt. Interessant ist auch, wie Ihr Hund reagiert, wenn ein Ast seine Flanken oder die Unterseite einer Bank seinen Rücken berührt. All dies sind Impulse für das Nervensystem, die er nebenbei wahrnehmen und verarbeiten kann. Bleiben Sie ruhig und geduldig und eilen Sie ihm nicht sofort zur Hilfe. Lassen Sie ihn selbst eine Lösung finden, denn auch auf diese Art können sich Erfolgserlebnisse einstellen, die stark machen.

Nehmen Sie zum Suchen im Laub etwas größere Leckerchen, damit Ihr Hund sie gut erkennen kann und beim Fressen nicht zu viel Laub mit aufnimmt.

Noch etwas spannender und anspruchsvoller wird es, wenn Ihr Hund Objekte suchen darf. Das müssen keine großen, schweren Dummys oder sperrigen Plüschspielzeuge oder Bälle sein. Ich wähle gern Objekte, die in meine Hosen- oder Jackentasche passen und schnell einsatzbereit sind. Aber Sie können Ihrem Hund auch beibringen, generell Objekte zu suchen, die Ihren Geruch tragen: Autoschlüssel, Mobiltelefon, Handschuhe, Mütze. Es ist außerdem von Vorteil, den verschiedenen Objekten jeweils einen Namen zu geben. So können Sie später, wenn Ihr Hund schon fortgeschritten ist, die Aufgabe etwas kniffliger machen, indem Sie mehrere Objekte auslegen und ihm sagen, welches davon er suchen und bringen soll.

Halten Sie die Objektsuche für Reset-Hunde aber zunächst sehr einfach und gehen Sie ähnlich vor wie bei der Futtersuche. Selbst wenn sich Ihr Hund anfangs ausschließlich auf die Futtersuche einlassen kann, plädiere ich dafür, dass Sie probieren, ihn recht schnell dafür zu begeistern, ein Lieblingsobjekt zu suchen. Das kann auch eine getragene Socke sein. Ein Futterdummy, also ein mit Futter gefülltes Mäppchen, ist ebenfalls eine geeignete Zwischenlösung.

Das Finden eines Futterdummys ist ein sinnvoller Zwischenschritt auf dem Weg zur Objektsuche. (Foto: Archiv Lismont)

(Foto: Archiv Lismont/Daphne Mpaltsidis)

SCHLUSSWORT

Nun sind wir am Ende dieses Buches angelangt. Es war sicherlich keine leichte Kost, weder für Sie als Leser noch für mich. Ich bin Ihnen dankbar, dass Sie bis hierher durchgehalten haben. Unter diesem Titel ist so vieles zusammengekommen, und dennoch habe ich immer das Gefühl, etwas übersehen zu haben. Ich hoffe inständig, dass die Lektüre Ihnen ein neues Gespür für das komplizierte Verhalten Ihres Hundes vermittelt hat, sodass Sie ihn jetzt besser verstehen und vielleicht sogar mit anderen Augen sehen können. Mir ist klar, dass Sie Ihren Hund lieb haben, denn all die Menschen, die zu mir ins Intensivtraining kommen, oft verzweifelt und überfordert, lieben ihren Hund. Verzweiflung und Überforderung treiben uns jedoch manchmal zu Dingen, die wir eigentlich nicht richtig finden. Genauso geht es unseren Hunden.

Mit diesem Buch haben Sie einen Überblick darüber erhalten, wo Sie die möglichen Ursachen für das Verhalten Ihres Hundes suchen und finden können und, vor allem, wie Sie ihm helfen können. Lassen Sie sich dabei unterstützen. Denn jeder Hund ist ein Individuum und die Kombination aus Mensch, Hund und Umfeld muss immer individuell betrachtet werden. Seien Sie versichert: Für fast alles gibt es eine Lösung. Ich werde Ihnen zwar nicht versprechen, dass Ihr Hund so wird wie der Familienhund, an den Sie sich aus Ihrer Jugend erinnern, aber mit der neu gewonnenen Perspektive werden Sie Ihre Erwartungen anpassen und einen gemeinsamen Weg finden. Das ist es, was zählt. Ich persönlich kann Ihnen sagen, dass ich an jedem meiner Hunde ein Stück gewachsen bin und nach wie vor weiterwachse, egal ob sie einfach oder kompliziert waren beziehungsweise sind. Das Gleiche erleben auch die Menschen, die Woche für Woche mit ihren Hunden zu mir kommen und mit mir gemeinsam ihr individuelles Puzzle lösen. Es ist gewiss nicht immer leicht, aber es ist spannend, und nichts ist schöner, als wenn die Kunden bereits an Tag eins oder zwei der Intensivwoche ihren Hund mit leuchtenden Augen und mehr Verständnis ins Auto laden.

Ich wünsche Ihnen von ganzem Herzen viel Freude und viel Erfolg mit dem Reset Ihres Hundes und hoffe, dass unsere Wege sich irgendwann kreuzen.

(Foto: xxxxxxxxxxx)

DANKSAGUNG

An erster Stelle möchte ich allen Kundinnen und Kunden mit ihren Hunden meinen aufrichtigen Dank aussprechen. Auch wenn der Hund nichts für sein schwieriges Verhalten kann, so bringt er seine Menschen oftmals über ihre Grenzen hinaus, und in der schnelllebigen heutigen Zeit, die von der Cancel Culture geprägt ist, erscheint es als naheliegende Option, sich von einem schwierigen Hund zu trennen. Das möchte ich, wenn irgend möglich, vermeiden. Ich verneige mich daher vor allen Kundinnen und Kunden, die nicht aufgegeben und gemeinsam mit mir einen Weg für sich und ihren Hund gefunden haben. Ich verspreche, dass ich nach wie vor alles gebe, um ihnen zu helfen.

Danke an Jennifer-Joanne Schmid für die Unterstützung bei der Fertigstellung der Kapitel über Verdauung und Ernährung. Ihr umfassendes Wissen über diese Themen bietet eine unerschöpfliche Quelle.

Ich danke auch meinen lieben Kolleginnen, mit denen ich mich immer wieder austauschen kann, die das Herz am rechten Fleck haben und den Hund nicht als Trainingsobjekt sehen, sondern als Lebewesen, das unsere Hilfe braucht, um in unserer Menschenwelt besser zurechtzukommen.

Mein Dank gilt außerdem dem Cadmos Verlag und meiner Lektorin Maren Müller für die Chance, meine Gedanken in Worte fassen zu können und in der Welt freizusetzen, sowie all den fotografierenden Talenten, die mir ihre wunderschönen Bilder zur Verfügung gestellt haben.

Ein warmes Dankeschön geht an Paul Heldens für seine fortwährende Unterstützung und seinen Glauben an mich.

Des Weiteren danke ich meinen Freundinnen, die in der schwierigen Corona-Krisenzeit immer ein offenes Ohr für mich hatten und mir das Gefühl gegeben haben, trotz aller sozialer Isolation nicht allein zu sein.

Und selbstverständlich danke ich meinen Hunden: Wenonah, die im Oktober 2020 von uns gegangen ist, Hutch, der im November 2021 seine letzte Reise angetreten hat, sowie Eden und Siena, die mich im Moment begleiten und sinnvoll beschäftigen.

Schließlich möchte ich mich bei Ihnen bedanken, liebe Leser, denn wer sich an dieses Thema wagt, der geht für seinen Hund durchs Feuer. Ich bin bei Ihnen!

(Foto: Archiv Lismont)

Tipps zum Weiterlesen

- Freiling, Karin Petra: *Entspannungstraining für Hunde: Stress, Ängste und Verhaltensprobleme reduzieren.* Buch und DVD. Cadmos Verlag, München 2015
- Freiling, Karin Petra: *HUNDum fit – Die Vitalformel für Hunde.* Cadmos Verlag, München 2022
- Gutmann, Monika: *Andere Wege in der Kommunikation mit dem Hund.* Cadmos Verlag, München 2011
- Hense, Maria: *Der hyperaktive Hund.* Animal Learn Verlag, Bernau 2010
- Kara, Stefanie: *Oxytocin – Unsere Wunderdroge.* http://www.zeit.de/2016/15/oxytocin-hormon-gehirn-forschung/komplettansicht, zuletzt aufgerufen am 19.07.2022
- Killion, Jane: *When Pigs Fly! Training Success with Impossible Dogs.* Dogwise Publishing, Washington 2007
- Lismont, Katrien: Hund trifft Hund: *Entspannte Hundebegegnungen an der Leine.* Cadmos Verlag, München 2017
- Lismont, Katrien: *Ums Eck gedacht: Mit Distanzkontrolle zur besseren Kooperation mit dem Hund.* Kynos Verlag, Nerdlen 2019
- Lismont, Katrien: *Das Gassibuch für besondere Hunde.* Cadmos Verlag, München 2020
- McConnell, Patricia und Karen B. London: *Alter Angeber! Leinenaggressionen bei Hunden verstehen und beheben.* Kynos Verlag, Nerdlen 2009
- McDevitt, Leslie: *Stressfrei über alle Hürden. Leistungsbereite Hunde durch Aufmerksamkeitstraining.* Kynos Verlag, Nerdlen 2012
- Rehberger, Maria: *Hunde achtsam führen.* Animal Learn Verlag, Bernau 2021
- Stewart, Grisha: *Behavior Adjustment* Training 2.0. Dogwise Publishing, Washington 2016
- Stewart, Grisha: *The Official Ahimsa Dog Training Manual.* A Practical, Force-Free Guide to Problem Solving and Manners. Ahimsa Publishing, Seattle 2012
- Stewart, Grisha: *B.A.T. DVD-Serie.* Tawzerdog, Eagle ID 2014
- Tellington-Jones, Linda: *Tellington-Training für Hunde.* Buch und DVD. Kosmos Verlag, Stuttgart 2010
- Theby. Viviane: *Verstärker verstehen. Über den Einsatz von Belohnung im Hundetraining.* Kynos Verlag, Nerdlen 2012

(Foto: Archiv Lismont)

STICHWORTREGISTER

Nina Sauer

MENSCH, FRAG MICH DOCH EINFACH!

Warum eigentlich wälzen sich Hunde genüsslich im Dreck? Was bringt sie dazu, an der Leine zu pöbeln, unschuldige Besen zu begatten, Fahrräder zu jagen oder am Gartenzaun zu bellen? Wie nehmen die Vierbeiner die Welt wahr? Sind Aggression und Dominanz tatsächlich ihr Wolfserbe? Können sie Stimmungen riechen und Fernsehbilder verstehen? Wie funktioniert Hundelogik, und warum klappt's nicht mit dem neuen Kommando? Mrs Buddy, eine weltoffene Beauceron-Hundedame, verrät zusammen mit ihren Freunden aus dem Club der weisen Hunde, wie sich stürmische Zeiten mit dem Vierbeiner entweder ganz vermeiden oder zumindest schmunzelnd meistern lassen. Unterstützt wird sie dabei von ihrem Frauchen Nina, mit der sie selbst so einige emotionale Turbulenzen durchlebt hat, bis beide endlich lernten, einander zu verstehen.

176 Seiten / broschiert, ISBN 978-3-8404-2063-4
Auch als E-Book erhältlich

Karin Petra Freiling

HUNDUM FIT

96 Seiten / broschiert
ISBN 9-783-8404-2065-8
Auch als E-Book erhältlich

Wir wissen, dass die Zeit mit dem geliebten Vierbeiner begrenzt ist – umso wichtiger ist es, dass wir das Beste aus ihr rausholen! Die Autorin gibt praxisnahe Tipps, um das Wohlbefinden von Hunden zu verbessern, Krankheiten und Verhaltensproblemen vorzubeugen sowie die Beziehungsqualität für Mensch und Hund zu erhöhen. Sie zeigt, wie auch bei Hunden Lebensstil und Gesundheit zusammenhängen und mit welchem Wissen Hunde gesund alt werden und dabei geistig fit bleiben können.

Sonja Meiburg

ANTI-GIFTKÖDER-TRAINING

96 Seiten / broschiert
ISBN 978-3-8404-2518-9
Auch als E-Book erhältlich

Giftköderwarnungen sind seit einiger Zeit die größte Sorge unzähliger Hundehalter. Dachte man früher oft „Das betrifft mich nicht", wird durch Giftköder-Warn-Apps und Social Media immer deutlicher, dass die Gefahr auch vor der eigenen Haustür lauert. Es scheint gerade ein Trend von Hundehassern, vergiftetes oder mit Rasierklingen gespicktes Futter auszulegen – und das nicht nur in Großstädten. Sie bekommen mit dem Buch einen durchdachten, effektiven Trainingsplan um ihren Hund zu schützen.

Katrien Lismont

DAS GASSIBUCH FÜR BESONDERE HUNDE

128 Seiten / broschiert
ISBN 978-3-8404-2057-3
Auch als E-Book erhältlich

Dieses Buch richtet sich an Halter von reaktiven Hunden, die jeden Tag neu überlegen, wo und wann sie mit ihrem Vierbeiner Gassi gehen könnten, wem sie begegnen werden, wie sie ausweichen können und welche Fluchtwege vorhanden sind. Erfahren Sie, wie Sie auch mit „besonderen" Hunden schöne Gassirunden drehen und wie Sie die täglichen Spaziergänge so nutzen können, dass Hund und Mensch daraus etwas gewinnen und sich nicht durchkämpfen müssen.

Madeleine Franck und Rolf C. Franck

DAS BUCH FÜR HUNDEELTERN

128 Seiten / broschiert
ISBN 978-3-8404-2062-7
Auch als E-Book erhältlich

Niemand muss für seinen Hund den „Rudelführer" spielen, auch wenn viele Hundehalter diese veralteten Ansichten noch im Hinterkopf haben. Die Aufgabe von liebevollen Hundeeltern liegt in der Übernahme von Verantwortung – für die Erfüllung der Bedürfnisse des Hundes, ebenso wie für seine gute Erziehung. Nur wenn wir die Emotionen des Hundes berücksichtigen, ermöglichen wir ihm effektives und positives Lernen, sich „brav" zu verhalten und mit oft stressiger Alltagswelt zurechtzukommen.

CADMOS im CADMOS Verlag www.cadmos.de

Cadmos Verlag GmbH | Englmannstraße 2 | D-81673 München | Tel.: +49 (0) 89 451 08 51-00 DW | E-Mail: vertrieb@cadmos.de